Pferde sanft führen

Mark Rashid

Pferde sanft führen

So wird deine Idee zur Idee des Pferdes

KOSMOS

Inhalt

Für
Declan
Jack
und Brinley

Vorwort

Danke.

Für die Tatsache, dass Sie dies hier lesen. Dafür, dass Sie sich vielleicht die Frage stellen „Wie kann ich noch geschickter werden für mein Pferd, für ein Pferd, für jedes Pferd?“ oder womöglich „Was könnte es geben, das mir eine Tür zu größerem Verständnis öffnet, nicht nur von Pferden, sondern von meinem Lebensbereich... mir selbst?“

Danke.

Für die Reise, die Sie bereits unternommen haben, und die vielen Entscheidungen, die Sie dazu gebracht haben könnten, dieses Buch zur Hand zu nehmen, zu betrachten, zuzuhören, zu lernen, zu üben, sich zu kümmern, zu versuchen, sich zu verbessern, wiederum zu versuchen, zu lehren, einzustudieren, und noch einmal zu versuchen, vielleicht sogar Angewohnheiten und Denkweisen zu verändern, die Ihren Beziehungen mittlerweile nicht mehr Genüge tun, einschließlich Ihrer Beziehung zu Ihnen selbst.

Danke.

Für die lange Geschichte des Bemühens, die zum Herz und zum Verstand hinter den Worten in diesem und den vielen anderen Büchern geführt hat, die mein Freund Mark Rashid geschrieben hat.

Freund? Ich meinte Bruder.

Danke.

Für die Möglichkeit, mit dabei zu sein mit so vielen Herzen, so vielen Pferden und so vielen Menschen auf so vielen Ebenen.

Danke.

An Euch alle, für Eure Bereitwilligkeit, das Wesen Pferd immer wieder zu überdenken, und dies wieder, und wieder und wieder.

Danke.

Ich glaube dies ist der beste Platz um zu beginnen und ein noch besserer Platz um zu enden und ein guter Weg um sicherzustellen, dass jeder Abschluss ein immer noch besserer Start zum Weitermachen sein kann.

Wie ein Freund von mir und ich eines Tages geschrieben haben: „Wenn du es öfter richtig geschafft hast als falsch… dann hast du es richtig geschafft."

Freund? Ich meinte Bruder.

In großem Vertrauen darauf, dass Du den Geist kennst, in dem dies hier geschrieben wurde,

– Skip Ewing

„You Got It Right" (Skip Ewing, Mark Rashid)

Stärke liegt im Muskel,
Doch *Macht* in der Sanftheit.
Mark Rashid

Kraftvolle Sanftheit

Dwight und ich waren noch nicht lange zu Pferd unterwegs, als wir den Gipfel eines kleinen Tafelbergs erreichten und ins Tal hinabblickten, das grün von frischem Frühlingsgras und gelb vom Schein des Sonnenaufgangs unter uns lag. Es war vielleicht einen Kilometer lang und zweihundert Meter breit und in ihm war eine Handvoll Pferde auszumachen. Eines sah schwarz oder zumindest sehr dunkelbraun aus, eines war ein Appaloosa, dann noch zwei Schimmel und drei Füchse. Und einer der Füchse hatte ein offensichtlich gerade geborenes Fohlen bei sich.

„Ist sie das?“ fragte ich.

Dwight neigte sich im Sattel. „Ich glaube nicht.“

„Nein?“ fragte ich, „Sie hat ein Fohlen und ich glaube sonst sind keine tragenden Stuten hier draußen.“

Sein Zeigefinger schob seinen verwitterten Cowboyhut ein wenig nach hinten, sodass er sich an der Stirn kratzen konnte. „Nein“. Er rutschte den Hut abermals zurecht. „Ich glaube, sie war eine Braune.“

„Eine Braune?"

„Oder dunkelbraun."

„Du hast keine Ahnung, welche Farbe sie hatte?"

„Es war dunkel."

„Das Pferd?"

„Ich glaub' schon, aber als wir sie gekauft haben, war es auch schon dunkel draußen."

Er blinzelte ins Tal und besah sich die Fuchsstute mit ihrem Baby. „Und das ist jetzt mehr als eine Woche her. Ich bin mir ziemlich sicher, dass sie kein Fuchs war."

„Ziemlich sicher?"

„Naja, ich hab zwei Füchse gekauft", sagte er, während er weiterhin die kleine Herde unter uns beobachtete. „Aber das waren Wallache. Die Stute war braun… oder dunkelbraun… glaube ich."

Zumindest einigermaßen davon überzeugt, dass die Stute, die wir suchten (und, Dwights Vorschlag folgend, von der zweitausend Hektar großen Weide holen sollten, auf der unsere Pferde überwinterten), nicht Teil der Gruppe war, auf die wir gerade hinunterblickten, wendeten wir unsere Pferde und setzten unseren Weg fort.

Die Angelegenheit, mit der wir uns an diesem Morgen beschäftigten, hatte bereits einige Tage zuvor begonnen, als ich einen Anruf von Dwight bekam, einige Pferde betreffend, die er am vergangenen Wochenende gekauft hatte. Dwight war an diesem Wochenende rauf nach Minnesota gefahren, um Freunde und Verwandte zu besuchen, und nachdem er schon mal dort war, machte er einen Abstecher zu einer Pferdeverkaufsshow. Reitpferde bekam man gerade recht günstig, also hatte er sich entschlossen, einige zu kaufen, die ich auf der Gästeranch, auf der ich Vormann war, gut würde gebrauchen können.

Als lebenslanger Viehzüchter hatte Dwight ein ausgezeichnetes Auge sowohl für Rinder als auch für Pferde. Und nebenbei war sein Herz so groß wie Montana; sobald es darum ging, jemandem zu helfen, insbesondere einem Freund, tat er das ohne zu zögern. In diesem Fall wusste er, dass mir einige Pferde für die kommende Saison fehlen würden und so hatte er beschlossen, mir zu „helfen“ und ein paar für mich zu organisieren. Details – wo die Pferde hinsollten, nachdem er sie gekauft hatte, ob sie reitbar waren, ob sie irgendeine ansteckende Krankheit hatten, die möglicherweise den ganzen Bestand befallen könnte – das war alles nicht so wichtig.

Und als er mich anrief, um mir zu sagen, dass er ein paar Pferde gekauft hatte und mir dann erzählte, sie seien alle gesund und er habe sie zur Herde auf unsere Weide gebracht, war ich auch nicht allzu besorgt. Natürlich, ich hatte ihn nicht darum gebeten, auch nur irgendein Pferd für uns zu kaufen und ich hatte keine Ahnung wie sie aussahen. Die Tatsache, dass er zudem Probleme hatte, sich daran zu erinnern, wie sie aussahen, war allerdings ein wenig bedenklich, nachdem nicht alle Pferde auf der Weide der Ranch gehörten.

Etwa fünfzehn oder so gehörten anderen Leuten aus der Gegend, die ihre Pferde auch über den Winter auf dieser Weide hatten. Also konnte es durchaus sein, dass wir versehentlich das falsche Pferd nehmen würden, was natürlich einen Rattenschwanz von Problemen nach sich zöge.

Jedenfalls, als Dwight anrief, sagte er mir, er sei ziemlich sicher, dass eines der gekauften Pferde (die einzige Stute) trächtig sei, und er sei genau so sicher, dass sie nicht mehr als vielleicht eine Woche bis zur Geburt gehabt hatte, als er sie und die anderen auf die Weide gebracht hatte.

„Jetzt habe ich mir gedacht“, sagte er „wir sollten uns aufmachen und sie holen. Sie vielleicht rauf zur Ranch bringen, sodass sie dort abfohlen kann.“

„Du hast uns eine trächtige Stute gekauft?“

„Sie war ziemlich billig.“ antwortete er fröhlich. „Und außerdem kriegst du zwei zum Preis von einem!“

„Aber wir haben keinen Platz für eine Stute und ein…"

„Und wenn wir schon mal da sind, versuche ich, auch die anderen, die ich dir gekauft habe, rauszusuchen. Ich glaube, sie werden sich wirklich gut machen in deinem Betrieb."

„Du wirst *versuchen,* sie rauszusuchen?" erinnere ich mich gefragt zu haben, bemüht, die Müdigkeit zu verbergen, die ich beim Gedanken an all die zusätzliche Arbeit, die seine Großzügigkeit mit sich bringen würde, zu verspüren begann.

„Jawohl", sagte er bester Laune, „es war dunkel, als ich sie auf die Weide brachte, also bin ich nicht wirklich sicher wie sie aussehen."

Da standen wir nun also und hatten den Großteil des Tages damit zugebracht, auf zweitausend Hektar im Kreis zu reiten, um nach einer Stute Ausschau zu halten, die ich nie gesehen hatte, die braun oder dunkelbraun und außerdem noch schwanger sein *könnte.*

Um halb vier an diesem Nachmittag, etwa neun Stunden, nachdem Dwight und ich uns in den Sattel geschwungen hatten, fanden wir uns auf demselben Tafelberg wieder, von dem aus wir gestartet waren und blickten hinunter auf die selbe kleine Gruppe von Pferden in dem langen, engen Tal. Wir hatten mittlerweile alle anderen Pferde ausgeschlossen – ich wusste, welche bereits unsere waren, erkannte die Brandzeichen von denen, die uns nicht gehörten, oder schloss aus den Fellfarben, dass es nicht die Pferde waren, die Dwight gekauft hatte.

Als wir diesmal ins Tal blickten, sahen wir allerdings, dass das Fohlen nicht mehr wie noch vorher neben dem Fuchs herlief, sondern sich neben einem Pferd aufhielt, das schwarz zu sein schien.

„Naja", sagte Dwight achselzuckend, „das muss sie dann wohl sein."

Wir wendeten unsere Pferde in eine kleine Schlucht und arbeiteten uns zur Talsohle hinab. Es dauerte nicht lange, bis wir zu der kleinen Gruppe gelangt waren. Die Stute war eine gut aussehende, sehr dunkle Braune mit feinen Zügen und etwas, das wie eine Spur Morgan wirkte. Sie hatte einen liebevollen Blick und war vollauf damit beschäftigt, ihr Baby, ein Hengstfohlen, ebenso dunkel wie sie, von zwei Fuchswallachen fernzuhalten.

Einer der Wallache, einssechzig, mager, nach Mustang aussehend, mit Ramsnase und weißer Blesse, schien vollkommen fixiert auf das Fohlen. Der andere, deutlich kleiner, untersetzt und ohne irgendein Abzeichen, konzentrierte sich hingegen eher darauf, dem anderen Wallach zu folgen als der Stute oder dem Baby nachzustellen.

Das Baby war vermutlich an diesem Morgen, knapp vor unserer Ankunft, auf die Welt gekommen, und sah erschöpft aus. Das unablässige Interesse des Wallachs hatte die Stute das Baby unentwegt auf Trab halten lassen. Es war nicht festzustellen, wie viel Ruhe das Fohlen bekommen hatte, seit wir es heute Morgen an der Seite des Wallachs hatten laufen sehen, oder ob es hatte säugen können.

„Sieht ganz danach aus, dass dieser Wallach versucht, an das Baby ranzukommen." sagte Dwight, als er sein Pferd in die richtige Position brachte, um dem Wallach den Weg abzuschneiden.

Ich bewegte mich auf die Stute zu und begann, sie und das Baby in die Richtung des Pfades zu wenden, den Dwight und ich genommen hatten, um ins Tal herunterzugelangen. Einmal oben angekommen könnten wir dann weiter zu dem großen Sammelpferch, bei dem wir das Auto und den Hänger geparkt hatten, weniger als einen Kilometer entfernt.

Für die Stute war der Aufstieg ein Leichtes, aber es wurde uns beinahe sofort klar, dass das Baby die Kletterei nicht schaffen würde. Sobald der Pfad an Steigung zulegte, und das war so ziemlich von Anfang an der Fall, verließen das Baby die Kräfte und dann blieb es stehen. Das wiederum brachte natürlich die Stute zum Anhalten, die sich umdrehte und dem Baby zuwieherte. Aber das erschöpfte Junge wollte oder konnte sich nicht bewegen.

„Wir müssen sie außen herum über den langen Weg führen.“ sagte ich, als ich die Stute weg vom Pfad und zurück ins Tal brachte. „Der Kleine schafft den Anstieg nicht.“

Der „lange Weg“ war ein enger Pfad, der zunächst dem Fuß des Berges folgte und sich dann entlang seiner Flanke in südlicher Richtung sanft emporschlängelte, um schließlich den Sammelpferch zu erreichen. Dieser Weg war etwa einen Kilometer länger, als der, der geradewegs über den Berggipfel führte, aber nachdem das Baby und unsere Reitpferde schon müde waren, erschien uns die Route unten entlang sicherer.

Ich manövrierte die Stute aus dem Gipfelpfad heraus und führte sie vorwärts den unteren Pfad entlang, während das Baby mühevoll neben ihr herging. Dwight bildete die Nachhut, wobei ihm die beiden Füchse unmittelbar folgten. Immer wieder einmal wandte Dwight sein Pferd herum und trieb die beiden Wallache zurück den Pfad ins Tal hinunter, doch sobald er kehrt machte, um wieder zu uns zu stoßen, tauchten die Wallache bald auch schon wieder hinter ihm auf.

Mehrfach versuchte der Größere, Dwight und mich zu überholen, aber der Pfad war viel zu eng und steinig, als dass er es geschafft hätte vorbeizukommen, also musste er sich wieder hinten anhängen. Endlich, nach fast einer halben Stunde und mehrfachem Stehenbleiben, um das Baby verschnaufen zu lassen, wurde der Weg wieder flach, um uns nach weiteren gut hundert Metern zum Sammelpferch zu bringen. Dwight und ich, wir wussten beide, dass, wenn der Wallach dieses offene Gelände erreichen würde, er uns leicht überholen und es so zur Stute und dem Baby schaffen könnte.

Deshalb, es fehlten keine hundert Meter mehr bis zur Hochebene, drehte Dwight erneut um und trieb die beiden Wallache fast den ganzen Weg ins Tal zurück. Während er damit beschäftigt war, lotste ich Stute und Baby zum Pferch, öffnete das rostige Metalltor und führte beide ruhig hinein. Sobald das erledigt war, machten mein Pferd Buck und ich uns auf den Weg zum Auto, um ein Halfter für die Stute zu holen.

An diesem Morgen hatte ich ein Halfter mitgenommen und an meinen Sattel gebunden. Wir hatten geplant, die Stute einfach aufzuhalftern und sie als Handpferd zum Hänger zurückzubringen. Aber wenngleich Dwights Erinnerung, was ihre Farbe betraf, ziemlich exakt war, ließ seine Erinnerung, ihre Größe betreffend, zu wünschen übrig. Er hatte scheinbar die Größe der Stute mit der des wie ein Mustang aussehenden Wallachs verwechselt und das Halfter, das ich mitgenommen hatte, war viel zu groß für sie.

Ich nahm ein kleineres Halfter aus dem Haufen auf der Ladefläche des Pickup, warf das Größere zurück auf den Haufen, und kehrte etwa gleichzeitig mit Dwight, der den Pfad heraufgaloppierte, zum Sammelpferch zurück. Als Buck und ich das Gatter erreichten, öffnete ich es und wir ritten hinein. Ich war gerade dabei, das Tor hinter uns zu schließen, als Dwight sein Pferd zum Pferchzaun ritt und abstieg. Die Stute stand ruhig über dem Fohlen, das fest schlafend am Boden lag. Ich hasste es, den kleinen Kerl stören zu müssen, denn ich war mir sicher, dass dies seine bisher einzige Rast war. Aber wir hatten Frühlingsbeginn, beinahe Abendessenszeit, das Tageslicht würde uns bald ausgehen und die Ranch war etwa sechzig Kilometer entfernt.

Doch dann, gerade als ich mich daran machte, Buck zur Stute zu bewegen, damit ich sie aufhalftern konnte, hörte ich ein Gebrüll, das nicht von dieser Welt schien, den Pfad heraufdröhnen. Gerade noch rechtzeitig blickte ich auf und sah den großen Fuchswallach auf uns zu rasen, Kopf und Schweif hoch aufgerichtet, das Maul weit offen, quietschend und grölend im Galopp. Er nahm direkten Kurs auf Dwight und drehte erst in letzter Sekunde ab, einen großen Kreis auf der Wiese neben dem Pferch beschreibend.

„Das reicht jetzt", brummte Dwight und sprang, ohne zu zögern, zurück in den Sattel. Er raffte das Lasso von seinem Sattel, schüttelte eine Schlinge zurecht und begann, sie in einem großen Bogen über seinem Kopf kreisen zu lassen.

Dann tauchte plötzlich der zweite Wallach auf, den Pfad heraufgaloppierend rief er nach seinem Kumpan. Dieser hatte mittlerweile seinen großen Kreis fast vollendet und machte sich auf in Richtung Pferchgatter. Wieder drehte er ab, diesmal in einem kleineren Kreis zurück zum Gatter, wo er einen Sliding Stop hinlegte, nicht ohne dabei mit seiner Brust ins Tor zu krachen. Er brüllte frenetisch, schüttelte den Kopf und stampfte mit den Füßen.

Der zweite Wallach lief direkt zum großen Fuchs und blieb neben ihm stehen, woraufhin dieser sich herumdrehte und ihn in die Schulter biss. Mittlerweile war Dwight um die Koppel herumgekommen und kam dem Paar immer näher. Er warf das Lasso in ihre Richtung, nicht so sehr, um tatsächlich einen zu fangen, als vielmehr, um sie vom Tor zu verscheuchen. Die beiden Wallache stoben in verschiedene Richtungen davon, der kleinere nach Osten, der größere nach Süden.

Als Dwight sein Seil wiederhatte und damit begann, eine neue Schlinge zu basteln, wendete der nach Mustang aussehende Wallach auf seiner Hinterhand und startete sofort erneut Richtung Gatter. Dieses Mal ließ ihn Dwights Schlingekreisen allerdings völlig kalt, er hetzte an ihm und seinem Pferd vorbei und sprang über das Tor, dass es schöner nicht mehr ging, um nun innerhalb des Pferchs zu landen.

Rasch drehte ich mich zur Stute um und sah, dass sie ihr Fohlen bereits auf die Beine gebracht hatte und den Kleinen nun vorwärtsdrängte, während sie ihn mit ihrem Körper vor dem Wallach schützte. Buck und ich stellten uns dem Wallach in den Weg und ich nahm mein Seil auf. Der Wallach flitzte an Buck und mir vorbei, als ob wir nicht da gewesen wären und nahm Fahrt auf Richtung Stute und Baby.

Was nun geschah, war ziemlich außergewöhnlich. Als der Wallach auf Tuchfühlung herangekommen war, beobachtete ich, wie die Stute ihre Hinterhand zu ihm drehte und ihn mitten auf die Brust trat, sodass er gut fünf Meter zurückgeschleudert wurde. Während die Kraft, die die Stute in diesen Tritt gepackt hatte, derart erstaunlich war, dass ich von meiner gute zehn Meter entfernten Position eine Schockwelle spürte, war noch viel erstaunlicher, was sie zur selben Zeit mit ihrem Baby anstellte.

Zum exakt gleichen Zeitpunkt, da sie diesen mächtigen Schlag auf die Brust des Wallachs führte, verwendete sie ihre Nase, um ihr erschöpftes Baby so sanft, wie man es sich nur vorstellen kann, aus der Gefahrenzone zu stupsen. Es war eine verblüffende Leistung vollkommener Körperbeherrschung. Während ihre Hinterhand die gesamte Kraft ihres Körpers zu bündeln schien und den Wallach mit einer Zielgenauigkeit und Geschwindigkeit traf, wie ich sie selten zu Gesicht bekommen hatte, war ihre Vorderseite so weich wie Butter, als sie ihr Fohlen zu einem sichereren Platz dirigierte und es dabei kaum berührte.

Allerdings hatte ich nicht viel Zeit darüber nachzudenken, was ich gerade gesehen hatte. Denn hatten die Dinge vor ein paar Sekunden noch ein wenig zum Schlechten gestanden, drohten sie nun, wirklich total außer Kontrolle zu geraten. Außerhalb des Pferchs hatte Dwight alle Hände voll zu tun, das zweite Pferd auf Abstand vom Tor zu halten. Der kleine Wallach hatte versucht, dem größeren zu folgen, hatte es dabei aber bloß geschafft, mit der Brust voran in das Gatter zu krachen und dieses dabei fast aus seinen schweren Metallscharnieren und seiner Verriegelung zu hebeln. Aufgeschreckt durch den metallischen Gong, als er auf das Tor geknallt war, und Dwights Gebrüll und Lassoschwingen ließ er vom Gatter ab und stob den Zaun entlang, bis er etwa auf gleicher Höhe mit dem Großen war, der sich ja immer noch im Pferch befand.

Sichtlich geschockt vom Tritt der Stute lief der Größere indessen zum hinteren Ende des Pferchs, weg von Stute und Baby. Sein Sinneswandel währte jedoch nicht lange und nachdem er für einen Moment angehalten hatte, um sich mit seinem frisch angekommenen und hektischen Kumpel die Nasen zu beriechen, wandte er seine Aufmerksamkeit erneut der Stute und dem Baby zu.

All diese Aktivitäten hatten mir Zeit eingeräumt, eine Lassoschlinge zu knüpfen und Dwight die Gelegenheit, sich und sein Pferd zu uns in den Sammelpferch zu bringen. Auch er hatte schon eine gute Schlinge zustande gebracht und war bereits auf dem Weg Richtung Störenfried des Tages.

Gemeinsam hatten Dwight und ich jahrelang mit Pferden und Rindern gearbeitet und es war dabei gar nicht ungewöhnlich, dass wir einen ganzen Tag mit Einfangen, Aussortieren, Brandzeichen verpassen oder Sonstigem beschäftigt waren und dabei nur ein paar Worte wechselten. Nicht weil wir uns nicht mögen würden, sondern weil es normalerweise einfach keinen Anlass gab, Worte zu verwenden. Wir wussten beide, welche Aufgabe gerade zu erfüllen war und führten sie aus. Wenn wir kommunizierten, war es oft mittels eines Nickens oder einer Geste, oder manchmal eines Wortes oder zweier.

Auch in unserer aktuellen Situation wussten wir beide, was zu tun war: Bring den Wallach unter Kontrolle und die Stute und das Baby raus aus dem Pferch und rein in den Hänger und auf den Weg zur Ranch. Warum dieser Wallach dermaßen verrückt nach dem Baby war, spielte keine Rolle. Diese Aufgabe musste erfüllt werden und das war's.

Dwight trabte mit seinem Pferd etwa in die Mitte des 30 × 15-Meter-Pferchs, dann nahm er es zurück zum Schritt, während er sich dem Wallach näherte, der mittlerweile erneut seine gesamte Aufmerksamkeit der Stute und dem Baby auf der anderen Seite des Pferchs schenkte. Er schien nicht einmal zu registrieren, dass Dwight anwesend war, obwohl ich mir sicher bin, dass er es sehr wohl bemerkt hatte. Als er dem Wallach beständig näherkam, begann Dwight, die Schlinge über seinem Kopf einen Kreis beschreiben zu lassen. Aber noch bevor er nah genug herangekommen war, um damit etwas ausrichten zu können, preschte der große Fuchs plötzlich zurück in Richtung Stute und Baby.

Gekonnt warf Dwight sein Lasso, als der Wallach ihn passierte und aus meiner Perspektive sah es danach aus, als würde er ihn mit Leichtigkeit erwischen. Aber just als die Schlinge dabei war, sich über seinen Kopf zu legen, senkte er seine große, alte Ramsnase gerade um jenes Quäntchen, welches ausreichte, um das Seil harmlos über seine Ohren abtropfen zu lassen und, von seinem Rumpf abfedernd, ihn schließlich gänzlich zu verfehlen. Als er nun auf die Stute zuhielt, waren ihm nur noch Buck und ich im Wege.

In dem Zeitraum, den ich benötigte, um mich zu orientieren und zu überprüfen, wo sich Stute und Baby befanden, hatte er schon fast die gesamte Länge des Paddocks hinter sich gelassen und würde uns gleich erreicht haben. Ich hatte eine gute Schlinge fabriziert, aber wenig Zeit, um irgendetwas damit zu bewerkstelligen, außer sie vor ihn zu werfen und zu hoffen, irgendetwas zu erwischen. Dwight würde mir später eröffnen, er habe noch nie einen peinlicheren Lassowurf als diesen gesehen, und so, wie es sich anfühlte, als das Seil meine Hand verließ, bin ich mir sicher, dass er recht hatte. Doch irgendwie fand dieses abwegig geworfene Seil seinen Weg über den Kopf des großen Wallachs, ließ sich um seinen Hals nieder und erlaubte es mir so, die nötige Spannung ins Seil zu bringen, um ihn zu bremsen.

Schon beinahe ab dem Moment, in dem das Lasso ihn umschlang, war klar, dass dies nicht das erste Mal war, dass er mit dem Seil gefangen worden war. Anstatt in Panik zu geraten oder gegen das Seil anzukämpfen, sobald es ihn enger umschloss, wie es die meisten Pferde in dieser Situation tun würden, fügte er sich augenblicklich. Als Buck und ich neben ihm her liefen, war es recht leicht, ihn von der Stute und dem Baby abzuwenden.

Nach wenigen Sekunden wendete er jedoch scharf und versuchte, zu ihnen zurückzuschwenken. Rasch wickelte ich das Seil um das Sattelhorn, was ihn sofort zum Anhalten brachte. Dwight galoppierte von hinten herbei, um ihn von seinem Ziel fortzutreiben. Mit mir am Seil und Dwights Druck von hinten schafften wir es, mit dem Wallach den Pferch zu überqueren, wo ich dann mein Seil um einen der schweren, hölzernen Zaunpfosten wickelte. Ich war ein wenig überrascht, als er dann ziemlich ruhig stand, sobald ich das Seil gesichert hatte, und abgesehen von ein bisschen frenetischem Stampfen und Gekreische, was seine Lungen hergaben, machte er ab diesem Zeitpunkt keinen Ärger mehr.

Dwight und ich konnten endlich absteigen, und er brachte unsere Pferde zurück zum Hänger. Ich las das Halfter auf, das ich auf die Erde hatte fallen lassen, als der Wallach über das Gatter gesprungen war, und Dwight brachte ein zusätzliches Halfter aus dem Auto. Er ging zur Stute, ließ es über ihre Nase gleiten und verschnallte es. Ich nahm das andere Halfter, und nachdem ich den Führstrick entfernt hatte, drehte ich es herum und zog es über den Kopf des erschöpften Babys. Durch das Umdrehen kam jener Riemen, der normalerweise auf der Nase eines ausgewachsenen Pferdes sitzt, am Halsansatz zu liegen, und der Riemen, der sich beim Erwachsenen hinter den Ohren befindet, war nun an der Position des Sattelgurts. Als ich die dort befindliche Schnalle schloss, wurde aus dem Halfter quasi ein Brustgeschirr, wie es Leute auch verwenden, um ihre Hunde auszuführen.

Dies war nun unsere erste Gelegenheit, das Baby aus der Nähe zu betrachten. Er war ein schicker Kerl, dunkelbraun wie seine Mutter, mit einem konkaven Profil, große, neugierige Augen und gerade Beine. Leider hatte er aber auch Schnittwunden an seiner Brust und den Vorderbeinen, was danach aussah, als wäre er in oder durch einen Stacheldrahtzaun getrieben worden. Außerdem hatte er einige Bissspuren auf Hals, Rücken, Flanken und den Hinterbeinen.

Dwight führte die Stute und ich verwendete das Halfter/Brustgeschirr, um das Baby zu lenken. So brachten wir sie zum Hänger und verluden sie. Unsere Reitpferde waren im vorderen Abteil untergebracht, der mittlere Teil blieb leer, und Stute und Baby kamen ins hintere Abteil. Wir stellten den Anhänger dann nach ein paar hundert Metern auf dem Weg ab, bevor wir zurückgingen, um den großen Wallach loszubinden.

Still war es im Auto, als wir zur Ranch zurückfuhren – nicht ungewöhnlich nach einem langen Tag. Die Ruhe ließ meinen Gedanken die Gelegenheit zu dem zurückzuschweifen was ich die Stute an diesem Nachmittag hatte zu Wege bringen sehen, als sie gleichzeitig ihr Baby vor dem Wallach verteidigte und den Kleinen von ihm wegdirigierte. Ich ließ die Szene immer und immer wieder vor meinem geistigen Auge ablaufen: die Kraft des Schlages, die ihrem rückwärtigen Bereich entsprang, die völlige Sanftheit ihrer Vorderseite. Ich war erstaunt, wie rasch sich das Fohlen aufgrund dieser nur ganz sanften Berührungen seiner Mutter bewegte, besonders, wenn ich bedenke, wie müde es zu dieser Zeit gewesen war.

Ich begann mich zu fragen, ob es einen Weg geben könnte, diese kraftvolle Sanftheit, die die Stute demonstriert hatte, für den Menschen zu erschließen oder nachzubilden. Das erste Problem bestand einmal darin, dass ich damals noch nie jemanden über so etwas hatte sprechen hören, geschweige denn jemanden gesehen hatte, der irgendetwas auch nur Ähnliches getan hatte. Als ich weiter darüber nachdachte, begann ich zu erkennen, dass die beiden Worte nicht einmal zueinander zu passen schienen: *kraftvolle Sanftheit*. Ein Oxymoron? Eine Fähigkeit, die nur Tiere besaßen? Gab es so etwas überhaupt oder war es eine Einbildung meinerseits? Konnte es jemand kultivieren, oder war jemand vielleicht sogar schon dabei, es in irgendeiner Form für die Welt des Menschen zu entwickeln?

Meine Gedanken wanderten zu dem Fohlen, das da im hinteren Anhängerabteil reiste. Ich fragte mich, ob er während des ganzen Tages überhaupt getrunken hatte. Ich fragte mich, wo ich ihn und seine Mutter unterbringen würde, sobald wir zurück auf der Ranch wären. Ich hatte gehört, das Wetter würde sich in den nächsten paar Tagen verschlechtern und fragte mich, ob er bis dahin kräftig genug sein würde, die Art von Frühlingsstürmen zu überstehen, die in den Bergen häufig vorkamen. Etwa zu dieser Zeit räusperte sich Dwight, wie er es immer tat, bevor er sich anschickte, etwas zu sagen.

„Leute zahlen eine Menge Geld für Pferde, die so hoch springen können.“, sagte er, meinen Gedankenfluss unterbrechend.

„Wie?“

„Ich meinte nur, man könnte wahrscheinlich ein Springpferd aus dem Wallach machen.“

„Nicht viel Bedarf für Springpferde auf einer Urlauberranch.“

„Tja. Wohl eher nicht.“ Er richtete seine Aufmerksamkeit aus dem Autofenster. „Trotzdem, der springt einfach gut.“ Er machte ein paar Sekunden Pause. Eine Herde Black Angus Rinder trieben sich auf einem großen, offenen Feld herum, und eine Handvoll drei Tage alter Kälber stoben buckelnd davon, Schwänze in der Höhe und ihre Köpfe schüttelnd. Er lächelte. „Ich mag diese Jahreszeit sehr.“

Ich beobachtete die Kälber, wie sie begannen, spielerisch mit den Köpfen zusammenzustoßen, während ihre Mütter daneben friedlich grasten.

„Ich auch.“ sagte ich.

Das Ziehen

Während ich durch die Beobachtung der Stute und ihres Babys die Idee *kraftvoller Sanftheit* vermutlich zum ersten Mal bewusst wahrgenommen hatte, war dies nicht meine erste Begegnung mit dem Konzept der Sanftheit. Der alte Pferdemann, mit dem ich als Junge gearbeitet hatte – ich habe ihn immer den alten Mann genannt – hatte es mir bereits Jahre zuvor präsentiert. Natürlich kann ich mich nicht erinnern, dass er das Wort *Sanftheit* oft verwendet hätte, falls überhaupt. Anstatt mir damals mitzuteilen, dass etwas sanft war, würde er einfach darauf hinweisen, wenn es das nicht war.

Ich muss wohl elf gewesen sein, als ich einen kleinen Wallach namens Spark ritt und Probleme hatte, ihn zu wenden und anzuhalten. Zog ich nach rechts, zog er nach links; zog ich nach links, zog er nach rechts. Zog ich an ihm, in dem Versuch anzuhalten, kam er mir schwer auf die Hand und marschierte einfach weiter. Je länger ich ihn ritt, umso frustrierter wurde ich und umso mehr schien er mit mir kämpfen zu wollen.

Sowohl Menschen wie Pferde handeln unabhängig von ihrem Alter aufgrund ihres Wissensstandes und ihrer Lebenserfahrung. Dies war zweifellos zutreffend, was meine Arbeit mit Spark betraf. Zu jener Zeit hatte ich noch nicht sehr viele Pferde geritten, also waren meine Kenntnisse beschränkt auf Dinge, die ich geritten *hatte*, Dinge wie mein Fahrrad. Wenn man den Lenker nach links bewegt, geht das Ding nach links. Den Lenker nach rechts, und es geht nach rechts. Trittst Du nicht mehr in die Pedale, so hält es an. Vermutlich nahm ich an, dass es bei einem Pferd ebenso läuft.

So denkt ein Elfjähriger. Bevor er es besser weiß, sind ein Pferd und ein Fahrrad im Prinzip dasselbe. In punkto Verständnis klafft da noch eine Lücke, die ihn daran hindert zu erkennen, dass ein Fahrrad eine Maschine ist, die immer tut, was man ihr sagt, wenn man es ihr sagt, und das Pferd ein lebendiges, atmendes, denkendes Tier mit Ideen, Empfindungen und Gefühlen. Im Kinderkopf sollten beide prinzipiell gleich funktionieren. Dies ist der Grund, warum ein Kind auf diesem niedrigen Wissensstand ziemlich schnell frustriert reagiert, sobald ein Pferd seine Empfindungen, Ideen und Gefühle zeigt, während es geritten wird.

Jedenfalls hatte mich der alte Mann schon eine Zeitlang beobachtet, wie es mir gerade schwerfiel, auch nur irgendetwas mit Spark zustande zu bringen. Ich nehme an, es wurde ihm dann einfach zu bunt und schließlich kam er zu uns herüber. Der Wallach und ich hatten soeben eine monumentale Schlacht beendet, die auf der vorderen Weide begonnen hatte. Nachdem sämtliche meiner Versuche gescheitert waren, Spark in die eine Richtung, dann in die andere zu wenden, und schließlich ihn zu stoppen, zerrte er uns beide kurzerhand hinüber zum Heuschober, wo Spark seine Nase an die verblasst gelbe Ziegelmauer legte und dann einfach dort stand.

„Pferde mögen es nicht, wenn man an ihnen zieht." sagte der alte Mann trocken, während er Spark am Nacken streichelte.

„Ich habe nicht an ihm gezogen, er zog an *mir*!“ erwiderte ich, wie es nur ein Elfjähriger konnte.

„Jedes Mal, wenn ich will, dass er etwas macht, will er einfach etwas anderes. Er will nicht wenden, er will nicht stehenbleiben, er will nicht –“

Der alte Mann hielt seine wettergegerbte, schwielige Hand hoch, sein Signal an mich, mit dem Reden aufzuhören, was ich auch tat. Sogar als Elfjähriger wusste ich es besser, als mich mit einer Hand anzulegen, die so aussah wie diese. Er fasste nach unten und nahm mit zwei Fingern den linken Zügel in die Hand, also auf der Seite, die ihm am nächsten war. Dann, indem er den Zügel mit kaum einer Anstrengung anhob, drehte er Sparks Kopf mit Leichtigkeit zu sich. Sanft ließ er den Zügel sinken, fasste über Sparks Nacken nach hinten und nahm den rechten Zügel auf. Er wiederholte die Vorgangsweise und Spark reagierte, indem er seinen Kopf mühelos nach rechts wandte. Der alte Mann senkte den Zügel, sodass Spark den Hals strecken konnte. Dann, während er den rechten Zügel weiterhin festhielt, nahm er den linken auf, und wiederum, mit sanftem und minimalem Kontakt an beiden Zügeln, überzeugte er Spark, sich bereitwillig rückwärts zu richten.

Zwei oder drei Meter richtete er Spark rückwärts weg von der Wand, dann ließ er den rechten Zügel los. Den linken Zügel weiterhin in der Hand, führte er uns beide auf die Weide, auf welcher der ganze Ärger begonnen hatte.

„Pferde mögen es nicht, wenn man an ihnen zieht.“ wiederholte er. Dann ließ er Spark und mich frei und schritt von dannen.

Obwohl es mir zu dieser Zeit nicht bewusst war, so war dies eine versiert ausgeführte Demonstration von Sanftheit gewesen durch „Fühlen“, wie viele in der Pferdeszene es heutzutage ausdrücken würden. Natürlich waren mir beide Konzepte damals völlig unbekannt. An diesem Tag war mein Verständnis dessen, was ich gerade gesehen hatte, jenes, dass er einfach nur nicht so stark gezogen hatte wie ich und der Wallach darauf dann irgendwie reagiert hatte. So machte ich nach, was ich dachte, den alten Mann tun gesehen zu haben und begann, von Spark bessere Reaktionen zu bekommen. Nicht so gute Reaktionen wie jene des alten Manns wohlgemerkt, aber bessere als die, bevor er eingeschritten war.

Wie vermutlich viele andere Leute auch, tat ich mir sehr schwer, das Konzept des *Nicht*-Ziehens zu verstehen. Denn schließlich liegt es in der Natur der meisten Tiere, Menschen inklusive, dagegenzuhalten, sobald man gezogen wird und gegen etwas zu drücken, das einen drückt. Und natürlich, je mehr man gedrückt oder gezogen wird, umso tendenziell abwehrender wird man. So wird ein Pferd, an dessen Maul dauernd herumgezogen wurde, den Punkt erreichen, an dem es sich automatisch abwehrend in den Druck hineinlehnt, sobald ein Reiter auch nur irgendwie Kontakt mit dem Zügel aufnimmt. Oft veranlasst dies dann den Reiter, an den Zügeln zu ziehen, sodass der Kreislauf wieder von vorne beginnt.

Diesen Kreislauf zu durchbrechen ist nicht immer leicht, besonders wenn man nicht weiß, was man sonst tun sollte. Doch es waren der alte Mann und seine einfache Beobachtung, die mir ganz konkret dabei halfen, ein anderes Verständnis zu entwickeln.

Einige Wochen nach meinem ursprünglichen Kampf mit Spark war ich mit ihm auf der Weide und wir versuchten es erneut. Die Dinge standen nicht zum Besten. Ich konnte sehen, wie der alte Mann uns von der Tür der Sattelkammer aus beobachtete, als Spark sich in die eine Richtung warf, dann in die andere, dann rückwärts, immer in die entgegengesetzte Richtung zu derjenigen, in die ich ihn bewegen wollte. Er schüttelte seinen Kopf, stampfte auf, schlug mit dem Schweif, schlug mit seinen Hinterbeinen aus und schnaubte unzufrieden durch seine Nase. Unerschrocken versuchte ich weiterhin, seinen Kopf in eine Biegung zu zwingen, und war dabei tatsächlich an dem Punkt angelangt, mit beiden Händen an einem Zügel zu ziehen, nur um ihn nach rechts zu bekommen. Und das, während wir immer noch nach links marschierten!

Auch dieses Mal hielt sich der alte Mann zurück, solange es ihm nur irgend möglich war, bevor er sich schließlich zum Feld aufmachte, auf dem Spark und ich noch immer herumwirbelten. Als er bei uns angekommen war, streckte er die Hand aus und nahm jenen Zügel auf, an welchem ich zog. Und beinahe im selben Augenblick, in dem er den Zügel berührte, geschahen zwei Dinge. Erstens wollte ich nicht länger am Zügel ziehen. Es war, als hätte seine Berührung meine ganze Kraft verpuffen lassen und mein gesamter Körper, gerade noch angespannt wie eine Sprungfeder, hatte sofort begonnen, sich zu entspannen. Zweitens stoppte Spark seine Bewegung, und ließ, nachdem er ein paar Sekunden dagestanden hatte, seinen Kopf sinken und entspannte sich.

Es war das erste Mal, dass ich etwas in dieser Art verspürte. Durch seine Berührung des Zügels, hatte der alte Mann irgendwie eine Verbindung zwischen uns dreien hergestellt, die unsere Anspannung vollkommen verschwinden hatte lassen und sie durch eine Art Sanftheit ersetzte. Es war ein erstaunliches Gefühl, eines das ich für eine lange Zeit nicht wieder verspüren würde.

„Mit diesem Wallach würde es viel besser laufen“, sagte er leise, „wenn du aufhören würdest, an ihm zu ziehen.“

„Ich weiß nicht, wie man das macht.“ sagte ich frustriert.

„Wie man was macht?“

„Nicht ziehen!“

Während er den Zügel immer noch hielt, stand der alte Mann einige Sekunden ruhig da, sein Gesicht wie versteinert. Dann bewegte sich ganz, ganz langsam der Ansatz eines Lächelns über sein Gesicht, als ob er einsah, wie schwierig es sein würde, sich selbst dabei zu sehen, wie man etwas *nicht* tat. Er nickte, als ob er mir zustimmen würde.

„Warum bringst Du ihn nicht erst mal zurück?" Es war mehr ein Vorschlag als eine klare Ansage. „Wir werden es morgen wieder versuchen."

Als ich auf das seltene Lächeln in den Augen des alten Mannes hinunterblickte, begann meine Enttäuschung langsam zu weichen. Ich ließ den Zügel, den ich hielt, auf Sparks Hals sinken. „Ok" sagte ich, als ich abstieg. So machten wir drei kehrt und gingen zum Stall zurück.

Nachdem ich Spark zurückgebracht und einige andere Aufgaben erledigt hatte, neigte sich der Tag seinem Ende entgegen, als ich mein Fahrrad, das ich an die Seite des Stalls gelehnt hatte, nahm und zur Vorderseite schob. Gerade als ich mein Bein darüber schwang und mich bereit machte, die Zufahrt hinunter in die Pedale zu treten, trat der alte Mann aus der Sattelkammertür heraus, eine immer anwesende Zigarette zwischen seinen Fingern.

„Wiedersehen." piepste ich, die Frustration des frühen Nachmittags bereits eine entfernte Erinnerung.

„Warte." Von der Sattelkammer kam er zu mir herüber, während ich noch auf meinem Rad saß. Er blickte auf meine Hände an der Lenkstange hinunter, nahm einen Zug von seiner Zigarette, und blies eine Schwade blauen Rauchs aus seinem Mundwinkel. „Komm und fahr hier mit dem Rad einen kleinen Kreis." Er zeigte auf den mit Erde bedeckten Hof und beschrieb einen Kreis in der Luft.

Ich tat, worum er mich gebeten hatte, ohne nach dem Warum zu fragen. Er beobachtete, wie ich ein paarmal im Kreis fuhr, dann hob er wieder die Hand und zeichnete den Kreis in der Luft in die andere Richtung. „Nun andersherum." sagte er und nahm einen weiteren Zug von seiner Zigarette.

Ich hörte kurz auf, in die Pedale zu treten und glitt mühelos in einen netten kleinen Halbkreis, der mich in der anderen Richtung zurückbrachte. Wieder begann ich, in die Pedale zu treten. Ich hatte etwa zwei weitere Runden gezogen, da zeichnete er wieder einen Kreis in die Luft, mich zum Richtungswechsel auffordernd, was ich tat. Nach zwei weiteren Runden bedeutete er mir stehenzubleiben.

„Wie du dein Fahrrad lenkst," sagte er, während er den Zigarettenstummel am Absatz seines Stiefels ausdrückte, „so reitest du dein Pferd, ohne an ihm zu ziehen." Dann machte er die nun ausgedrückte Zigarette bereit für den Abgang, sodass der Tabak zu Boden rieselte, als er den Papierstummel drückte und ihn zwischen seinen Fingern zwirbelte, und er ging an mir vorbei zurück in die Sattelkammer. „Bis morgen." sagte er und verschwand hinter der Holztür.

Eine Sekunde wartete ich noch, um zu sehen, ob er nochmals zurück herauskommen würde, wendete dann mein Rad in Richtung der fünfhundert Meter langen Hofzufahrt, setzte mich in Bewegung und radelte los zum Haupttor. Auf dem vorderen Feld befanden sich keine Pferde, also stand es offen. Ich flitzte hindurch auf die Schotterstraße, in den Pedalen stehend strampelte ich, um an Geschwindigkeit zuzulegen. Sobald ich eine akzeptable Geschwindigkeit erreicht hatte, legte ich los mit meinem täglichen Ritual, welches darin bestand, in einer großen Serpentine von dem einen Straßengraben quer über die Straße zum Straßengraben auf der gegenüberliegenden Seite und wieder zurück zu kurven. Dieses Muster wiederholte ich den ganzen Weg bis zum Beginn der Asphaltierung, eine Strecke von etwa einem Kilometer. Sehr selten befuhr ein Auto den geschotterten Abschnitt, und ich genoss die Gelegenheit, so viel Straße für mich zu beanspruchen, wie ich wollte.

Der Vergleich des alten Mannes zwischen dem Lenken meines Fahrrads und dem Wenden eines Pferdes ohne zu ziehen bedeutete mir nicht viel, als er ihn aussprach. Aber als ich mein Fahrrad so von einem Straßengrabenrand zum anderen dirigierte, wurde mir langsam bewusst, worauf es beim Lenken meines kleinen Schwinn-Stingray-Rades ankam. Ich bemerkte, wie ich beispielsweise in einer

Wendung nach rechts nur ein klein wenig mehr meine rechte Hand belastete, als Druck mit meiner Linken auszuüben. Ebenso verhielt es sich mit einer Linkswendung. Ungeachtet der Richtung, fühlten sich beide Hände tatsächlich so an, als hätten sie ziemlich gleich starken Kontakt zum Lenker, wie ich da von einer Kurve zur nächsten manövrierte.

Umso mehr ich mich darauf konzentrierte, desto bewusster wurde mir, dass ich die Griffe kaum festhielt, wenn ich die Lenkstange in die eine oder andere Richtung schwenkte. Angesichts einer derart vernachlässigbaren Berührung war es manchmal schwer zu erkennen, ob ich das Rad nun in eine Kurve drückte oder zog. Als ich den Asphalt erreichte, ließ ich das Rad gerade werden und steuerte es auf die rechte Straßenseite, auf der ich dann für den Rest der Wegstrecke bis nach Hause blieb.

Zugegeben, als ich an diesem Tag den geteerten Straßenabschnitt erreichte, verschwanden die Gedanken an das Gefühl zwischen der Lenkung und meinen Händen. Meine Überlegungen hatten sich anderen, wichtigeren Elfjährigen-Jungen-Dingen zugewandt, beispielsweise eine Entscheidung zu treffen, auf welcher Position ich später am heutigen Abend spielen würde, wenn einige von uns Jungen aus der Nachbarschaft zum Baseball zusammenkämen.

Naturgemäß konnte ich nicht wissen, dass das Gefühl, welches ich bei dieser Fahrt verspürt hatte, das Herzstück dieser besonderen Art von Sanftheit ausmachte, die nicht nur diese gewandten Kurven mit dem Fahrrad hervorbrachte, sondern auch imstande war, positive Reaktionen in Pferden, Menschen, Hunden, Katzen, und einer Vielzahl anderer Tiere, nicht zu vergessen in manchen Maschinen und unbelebten Objekten zu erzeugen (mehr dazu später).

Lustigerweise könnte ich heute nicht einmal mehr ansatzweise nachvollziehen, wie viele Male ich mich seither dieses besonderen Tages entsann. Ich glaube, dies liegt daran, dass ich dem Konzept der

Sanftheit über die Jahre eine Vielzahl von Überlegungen gewidmet habe. Und indem ich das tat, gelangte ich zur Erkenntnis, dass Sanftheit mit einer einfachen Wahrheit beginnt (und ich betone das Wort *beginnt*): *Was uns auf dem Pfad der Sanftheit beginnen lässt, ist nicht so sehr, was wir tun, als was wir nicht tun.* Wenn ich speziell auf das Arbeiten mit Pferden eingehe, so ist es meine Überzeugung, dass Sanftheit beginnt, indem man lernt, *nicht* zu ziehen oder zu drücken. Mit anderen Worten, wir finden einen Weg, das Gefühl der Gegnerschaft, das Ziehen und Drücken erzeugt, abzustreifen und es durch eines der Neutralität zu ersetzen.

Nun nehme ich an, einige Leute werden einen Blick auf diese letzte Aussage werfen und zu sich selbst sagen, *He, Moment mal... Ich hab kein Gefühl der Gegnerschaft, wenn ich mich mit meinem Pferd beschäftige.* Tatsächlich würden sehr wenige gewissenhafte Pferdeleute jemals willentlich mit einer feindlichen Gesinnung an eine Situation herangehen (obwohl es sicher auch jene gibt, die das tun). Ich spreche hier vor allem darüber, wie leicht es passiert, dass sich ein relativ unverfängliches Geplänkel mit einem Pferd nur durch die Art, wie wir unsere Hände am Zügel verwenden, in einen Kampf verwandelt, egal wie aufmerksam wir sind.

Hier ist ein Beispiel. Sagen wir, ein Reiter ersucht das Pferd um eine Wendung nach rechts. (Wir nehmen an, das Pferd ist relativ gut trainiert und auf Wassertrense gezäumt, oder auf ähnlicher Ausrüstung, welche über direkten Druck wirkt.) Der Reiter stellt ein wenig Kontakt mit dem rechten Zügel her, um das Pferd aufzufordern einem „sanften Fühlen" zu folgen (wir werden dies später besprechen), sodass es sich nach rechts biegt. Das Pferd startet in die Biegung, hört dann aber, warum auch immer, auf, diesem Fühlen zu folgen, oder bietet womöglich sogar an, sich zurück nach links zu biegen. Sobald der Reiter den Widerstand über den Zügel spürt, beginnt er, mehr Druck aufzubauen, um das Pferd weiter nach rechts zu bewegen. Jedoch schließt der Reiter in diesen Druck beinahe immer bis zu einem gewissen Grad ein Ziehen mit ein, und es ist dieses Ziehen, welches uns den Zugang zu jener Empfindsamkeit verwehrt, die wir brauchen, um zu fühlen, ob und wann das Pferd versucht „nachzugeben". Sobald das Pferd schließlich versucht nachzugeben, *nimmt* der Reiter unbeabsichtigt, was das Pferd ihm gibt. Nachdem das Pferd nun keine Linderung des Drucks (des Zugs) verspürt, den der Reiter anwendet, denkt es, etwas falsch gemacht zu haben, als es nachgegeben hat. Dies hat zur Folge, dass es nun mehr Druck in die entgegengesetzte Richtung aufwendet, und im Handumdrehen ist eine feindliche Situation geboren.

Das hatte der Reiter zu keinem Zeitpunkt während der Begegnung beabsichtigt, doch dies änderte nichts daran, wie sich die Situation *anfühlte*. Was das Pferd anbelangt, so wird es sich, sobald der Reiter zieht, verteidigen, indem es dagegen zieht. Obwohl also der Reiter die Situation nicht als gegnerisch empfinden mag, kann dies das Pferd sehr wohl so sehen. Und sobald sich das Pferd verteidigt, wird der Reiter schließlich dasselbe tun. Ziemlich rasch haben wir zwei Individuen vor uns, die gegenseitig aneinander ziehen, wobei der Reiter sich immer noch fragt, warum das Pferd so gegen die Wendung kämpft!

Ich glaube, es ist wichtig zu verstehen, dass die meisten Tiere, Menschen und Pferde eingeschlossen, (zumindest anfangs) auf Widerstand reagieren werden, indem sie versuchen, diesen physisch zu übermannen. Falls es ihnen nicht möglich ist, ihn zu überwältigen, werden sie nachgeben oder nach einem anderen, konfrontationslosen Weg suchen, ihn zu umgehen.

Ein Beispiel hierfür, das vermutlich die meisten Pferdeleute irgendwann einmal gesehen haben, ist, wenn ein Pferd Angst bekommt und sich plötzlich nach rückwärts gegen etwas auflehnt, an dem es festgebunden ist. Wenn wir annehmen, dass nichts zu Bruch geht wie

Halfter, Führstrick, Anbindestange, Pfosten oder Ähnliches, sieht man das Pferd typischerweise ziehen, sich aufbäumen, seinen Kopf heftig von einer Seite zur anderen werfen und sich mit seinem ganzen Gewicht zurücklehnen. Dann, sobald das Pferd erkennt, dass keine dieser Verhaltensweisen den physischen Druck, den es verspürt, von ihm nimmt, wird es einfach nach vorne springen. Dadurch ist es ihm schließlich möglich, den Druck loszuwerden. Im Grunde stellt dieses Szenario ein gutes Beispiel für die Idee des „Nicht-Ziehens" dar. Natürlich, das Pferd *zieht* in dieser Situation. Doch der Pfosten oder die Stange, an der es angebunden ist, zieht *nicht*. Und es ist, glaube ich, eben dieses Konzept, welches mir der alte Mann vor all den Jahren klarmachen wollte.

Das Pferd mag in dieser Situation also gegen den Pfosten oder die Stange ziehen, aber der Pfosten oder die Stange ist neutral – ein festes Gebilde, das einfach dasteht und nicht gegen das Ziehen des Pferdes ankämpft. Weil der Pfosten oder die Stange nicht aktiv in die Gegenrichtung zieht oder gegen den Widerstand des Pferdes arbeitet, erkennt das Pferd normalerweise relativ rasch, dass es ausschließlich gegen sich selbst kämpft. Oft erkennt ein Pferd in dieser Lage, dass sich seine Situation sofort entspannt, wenn es nur ein wenig nachgibt oder sich nur ein winziges Stück weit in Richtung des Pfostens oder der Stange bewegt.

Als ich vor einigen Jahren über diese Idee des „Nicht-Ziehens" Überlegungen anstellte, beschloss ich, herauszufinden, exakt wie viel oder wie wenig man tun müsste, um eine Entspannung zu erzielen, wenn man gegen etwas zöge, das nicht zurückzieht. Ich verwendete eben jene Situation des sich gegen die Anbindestange wehrenden Pferdes als Testszenario.

Das Experiment war ziemlich unkompliziert und direkt. Ich ließ einen Führstrick über eine sehr robuste Anbindestange laufen und lehnte mich dann, während ich das andere Ende des Stricks festhielt, mit meinem gesamten Gewicht und voller Kraft gegen den Strick und die Anbindestange. Zwei Dinge waren sofort offensichtlich. Erstens, sobald ich während des Ziehens irgendein Körperteil entspannte, auch nur ein wenig, fühlte ich eine sofortige Entspannung auch im Rest meines Körpers, die es mir schwierig machte, weiterhin mit derselben Intensität zu ziehen. Zweitens, sobald ich mich auch nur um ein winziges Stück weit, und ich meine *winziges* Stück weit, in Richtung Anbindestange bewegte, fühlte ich ein exponentiell signifikantes Nachlassen des Drucks, den ich zwischen der Anbindestange und mir verspürte. Tatsächlich, bewegte ich die Hand, mit der ich den Führstrick festhielt, auch nur einen Millimeter in Richtung der Anbindestange, entwickelte sich sofort eine beachtliche Lockerheit im Seil, welche – es wiederum beinahe unmöglich machte, weiterhin zu ziehen.

Dieses kleine Experiment brachte mich wirklich zum Nachdenken, wie wenig wir als Reiter tun müssen, um unseren Pferden dabei zu helfen, ein Nachgeben zu erfahren und wie wenig Pferde tun müssen, um sich ein Nachgeben zu verschaffen – unbedingt vorausgesetzt natürlich, dass wir nicht an ihnen ziehen.

Allerdings, obwohl ich hier das Konzept des „Nicht-Ziehens“am Beispiel einer festen Barriere wie einer Anbindestange oder eines Pfostens erläutere, empfehle ich keineswegs, dass wir versuchen sollten, so steif wie Pfosten zu sein, wenn wir reiten. Tatsächlich empfehle ich so ziemlich das genaue Gegenteil. Je flüssiger wir uns beim Reiten bewegen, desto flüssiger wird das Pferd letztlich in seinen Bewegungen sein können. Und hierin liegt das eigentliche Paradoxon der Reiterei.

Viele Leute reiten mit außerordentlicher Steifheit und verwenden Ziehen als vorherrschenden Weg um zu steuern und/oder mit dem Pferd über die Zügel zu kommunizieren. Wirklich brauchbar ist es, geschmeidig und flüssig zu reiten und die Kunst des Nicht-Ziehens zu entwickeln, gleichzeitig ausreichend standhaft mit unseren Händen zu agieren, um es dem Pferd zu ermöglichen, die korrekten Antworten auf unsere Anfragen zu finden, die wir durch die Zügel übermitteln.

Festzuhalten ist, dass die Art von Steifheit und Ziehen, von der ich spreche, sich nicht auf unsere Arbeit im Sattel beschränkt. Ohne es zu wollen reagieren viele Leute mit derselben Art von negativem Widerstand (Erhöhung der Intensität in einer bereits gegensätzlichen Situation), auch wenn sie mit ihren Pferden vom Boden aus arbeiten. Ein Beispiel hierfür könnte sein, was oft passiert, wenn Leute versuchen ein Pferd zu verladen.

Viele Pferdebesitzer verladen ihre Pferde dergestalt, dass sie vor dem Pferd den Anhänger betreten, dann am Führstrick „ziehen" um das Pferd zum Eintreten aufzufordern. In dieser Situation wird ein Pferd oft eine Vorwärtsbewegung anbieten, doch der Besitzer oder die Besitzerin, da angespannt und ziehend, ist nicht imstande, den Versuch des Pferdes zu spüren. Sobald das Pferd die Vorwärtsbewegung anbietet, wird der Besitzer daher unbeabsichtigterweise weiterziehen, was das Pferd im Gegenzug dazu bringt, gegen das Ziehen des Besitzers zu ziehen. Häufig resultiert dies im Zurückweichen des Pferdes vom Anhänger um eine beträchtliche Distanz, den Besitzer mit sich ziehend (der sich mittlerweile verzweifelt an den Strick klammert).

In Fällen, in denen das Pferd schon gut zur Hälfte im Hänger steht, sobald der Besitzer anfängt zu ziehen, wird der Widerstand, den der Besitzer ins Seil einbringt, für gewöhnlich dazu ausreichen, das Pferd derart kräftig zurückziehen zu lassen, dass es mit dem Kopf gegen die Decke des Anhängers kracht. Viele Tierärzte wurden schon gerufen, um die Wunde eines Pferdes zu vernähen, das sich seinen Kopf auf diese Weise verletzte.

Ebenso gibt es ähnlich gelagerte Situationen, in denen ein Pferd problemlos in den Hänger einsteigt und sich sogar befördern lässt.

Doch dann, nachdem man am Zielort angekommen ist, weigert es sich, rückwärts aus dem Anhänger zu steigen. In dieser Lage könnte der Transporteur darauf zurückgreifen, zum Pferd in den Anhänger zu steigen und zu versuchen, das Tier hinauszuschieben, entweder indem er rückwärts am Führstrick zieht oder indem er auf den Kopf oder die Brust des Pferdes drückt. Naturgemäß führt das in der Regel dazu, dass das Pferd gegen den Transporteur drückt, woraufhin dieser fester drückt, sodass das Pferd fester drückt und... nun ja, ich glaube, Sie können sich ein Bild machen.

Rückblickend glaube ich, der alte Mann hatte versucht, so gut er es vermochte, mir zu vermitteln, dass diese Art von Tauziehen zwischen Pferd und Mensch unnötig und ganz gewiss nicht zielführend ist. Tatsächlich sind es Drücken und Ziehen, die der Entwicklung von Sanftheit im Pferd im Wege stehen und es überdies dem Menschen nahezu unmöglich machen können, Sanftheit zu entwickeln. Deshalb bin ich der Ansicht, dass wir, noch bevor wir überhaupt beginnen können, an der Entwicklung von Sanftheit in Pferd oder Mensch zu arbeiten, zunächst versuchen müssen, die Dinge, die uns in die völlig entgegengesetzte Richtung drängen, zu verstehen und auszumerzen oder zumindest in ihre Schranken zu weisen. Drücken und Ziehen stehen ganz oben auf dieser Liste.

Für viele von uns kann es schwierig sein, dieses Drücken/Ziehen in uns zu eliminieren. In diesen Situationen haben wir es oft mit einem Zerfall von Wahrnehmung und Empfindsamkeit zu tun, der es uns von vornherein gar nicht erlaubt, zu erkennen, dass wir negativen Gegendruck einsetzen. Ich glaube, dies liegt daran, dass wir manchmal so auf das Problem konzentriert sind, dass es uns schwerfällt, zu erkennen oder überhaupt zu verstehen, dass uns eine Lösung zur Verfügung steht. Die Lösung kann sowohl physisch als auch gefühlsmäßig widersinnig erscheinen und nicht nur die Art und Weise betreffen, wie wir reiten und unsere Pferde behandeln, sondern auch unsere Lebensweise im Alltag. Viele von uns üben sich (obwohl meistens unbeabsichtigt) in Gegendruck in anderen Aspekten des Lebens. Diesen Gegendruck nehmen wir zu unseren Pferden mit, wenn wir mit ihnen reiten oder arbeiten.

Nun könnte ich mir vorstellen, dass zumindest einige Leute diese letzte Aussage lesen und zu sich sagen: *Ich übe mich nicht in Gegendruck!*

Doch in Wahrheit üben wir uns alle bis zu einem gewissen Grad tagtäglich in Gegendruck. Wir sind uns dessen nur nicht bewusst. Das Fazit? Sobald wir mehr Aufwand oder Muskelkraft als nötig einsetzen, um etwas einfaches zu tun, wie ein Glas oder eine Tasse Kaffee in die Hand zu nehmen, unsere Stiefel auszuziehen oder eine Tür zu schließen, auf einem Stuhl Platz zu nehmen, eine Gabel oder einen Löffel zu verwenden, üben wir uns bereits in Gegendruck.

Es kommt nicht auf die spezielle Tätigkeit an – wenn wir mehr Anstrengung als notwendig investieren, verwenden wir in jedem Fall mehr Muskelkraft als die Situation erfordert. Daraus ergibt sich, dass nicht nur unsere eigenen Muskeln gegeneinander arbeiten und somit in unserem Körper Widerstand erzeugen, sondern zusätzlich auch unser Feingefühl abstumpft. So fühlen wir nicht die Struktur des Plastikbechers, in dem sich unser Kaffee befindet oder die Oberfläche und Dicke des Leders unserer Stiefel, wenn wir sie anziehen. Uns entgehen die Stärken oder vielleicht auch die Schwächen der Konstruktionsweise des Sessels, in dem wir sitzen, oder das Gewicht der Tür, wenn wir sie zuschwingen lassen oder die Temperatur, die unser Metalllöffel oder unsere Metallgabel abstrahlt.

Ich bin davon überzeugt, dass ein Gewahrwerden dessen, wie wir tagtäglich an der Welt teilnehmen und wie wir unsere alltäglichen oder nicht so alltäglichen Tätigkeiten ausführen, unsere Fähigkeit oder Unfähigkeit verstärkt, die Art von Aufmerksamkeit und Feingefühl zu entwickeln, die es braucht, um wirklich gut mit Pferden zu arbeiten. Das Entwickeln dieser Art von Aufmerksamkeit und des „Fühlens", um zu erkennen, wenn wir gegen unser Pferd arbeiten, *beginnt* nicht mit der Arbeit mit unserem Pferd. Es beginnt, wenn wir all diese täglichen Dinge mit so viel Gefühl und Aufmerksamkeit ausführen, wie wir es nur vermögen, und dann diese Aufmerksamkeit zu unserem Pferd bringen.

Vor all diesen Jahren, als mich der alte Mann darauf aufmerksam machte, wie ich mein Rad steuerte, zeigte er mir in Wirklichkeit, wie man aufmerksam wird. Er zeigte mir, dass ich mein Fahrrad bereits mittels Sanftheit und Fühlen steuerte, nicht erzwungen mittels Kraft und Muskel, wie ich es getan hatte, als ich mit Spark arbeitete. Er zeigte mir, dass ich, was ich benötigte, um mit Spark erfolgreich zu arbeiten, bereits in zumindest einem anderen Aspekt meines Lebens tat. Nur wusste ich es einfach nicht zu dieser Zeit.

Es sollte Jahre dauern, bis ich die Brillanz und Einfachheit dessen verstand, was er versuchte, mit mir an diesem Tag zu teilen. Es sollte sogar noch länger dauern, bis ich Wege fand, es anzuwenden.

Innere Sanftheit

Über die Jahre wurde mir klar, dass einer der Schlüssel zur Entwicklung wahrer Sanftheit in einem selbst darin besteht, sich ständig darin zu üben. Dies ist keine Fertigkeit, die sich in Teilzeit meistern lässt. Gut darin zu werden, sanft zu agieren, halte ich für sehr schwierig, wenn Leute dies nur üben, solange sie mit ihren Pferden arbeiten. Natürlich wäre das ein guter Anfang und idealerweise wüsste man sanft mit dem Pferd umzugehen, würde diese Sanftheit idealerweise schließlich beginnen, auch andere Aspekte des Lebens zu durchdringen. Doch wird Sanftheit nicht zur Lebens*weise*, ist sie äußerst schwer umzusetzen.

Würde eine Person nur dann versuchen, sanft zu sein, wenn sie mit einem Pferd zusammen ist, nicht aber wenn sie Auto fährt, ein Glas absetzt, Mist schaufelt, im Auto sitzt, mit Arbeitskollegen, Fremden, Freunden oder Familienmitgliedern spricht, oder während irgendeiner anderen der täglichen Aktivitäten, so scheint mir, dass die Kunst nicht in einer ganzheitlich achtsamen Art und Weise ausgeübt wird. Für jene Leute ist Sanftheit, was sie tun, aber nicht, was sie sind. Und für mich besteht darin ein großer Unterschied.

Lange Zeit dachte ich, verstanden zu haben, worin wahre Sanftheit bestand. Tatsächlich fühlte ich mich ziemlich erfahren darin, Sanftheit in der Arbeit mit Pferden zu entwickeln und sogar in anderen Aspekten meines Lebens. Damals nahm ich an, wie so viele andere, die mit Pferden arbeiten, dass Sanftheit irgendwie von den Händen ausging und wenn ich meine Hände nur sanft genug bekäme, so würden meine Pferde ebenfalls sanft werden.

Verstehen Sie mich nicht falsch – diese Betrachtungsweise war mir über eine sehr lange Zeit von Nutzen. Im Großen und Ganzen wurden die Pferde, mit denen ich arbeitete, sanft im Gebiss und sanft im Körper. Es fühlte sich trotzdem danach an, als würde etwas fehlen, oder vielleicht sollte ich besser sagen, es fühlte sich danach an, als würde *mir* etwas fehlen.

Dennoch kann ich nicht mit dem Finger auf eine bestimmte Situation zeigen, ein Pferd oder ein Ereignis, das mich zum Umdenken und auf den Weg gebracht hätte, mich tiefer mit dem Thema auseinanderzusetzen. Stattdessen haben sich die Dinge im Laufe der Zeit einfach irgendwie verändert. Statt mich an Pferdeexperten, Pferdebücher und Zeitschriftenartikel zu wenden, um meine Fertigkeiten zu verbessern, fand ich mich zusehends zu anderen, scheinbar sachfremden Dingen hingezogen, wie Kampfkunst, östlicher Geschichte und Philosophie, sogar einigen Arten von Ergo- und Physiotherapie sowie bestimmten Musikstücken und Musikern.

Zu dieser Zeit begann ich, einige Meister in der Welt der Kampfkunst genau zu beobachten, besonders jene in Aikido, einer Kunst, die ich einige Jahre lang studiert und trainiert hatte. Ich begann, einige Ähnlichkeiten in den Bewegungen und Techniken dieser alten Meister zu sehen. Vor allem fiel mir die scheinbar mühelose Weise auf, die es den Meistern ermöglichte, nicht nur ihre eigenen Körper zu bewegen, sondern auch die Körper ihrer Übungspartner. War bereits die Mühelosigkeit der Bewegung eindrucksvoll, so war die Kraft, die von diesen Persönlichkeiten während ihrer Bewegungen erzeugt wurde, sogar noch eindrucksvoller. Es war eine Kraft des Geistes und des Körpers, wie ich fand, sehr ähnlich zu der hervorgebracht von der Stute, als sie ihr Baby beschützte, all diese Jahre zuvor.

Ich sollte an dieser Stelle erwähnen, dass ich Aikido ursprünglich zu trainieren begann, um meine Reitfertigkeiten zu verbessern. Ich war von den Grundkonzepten der Kunst fasziniert, vor allem von der Idee, in einen Konflikt einzutreten statt vor ihm zu fliehen, mit der Energie zu verschmelzen, egal wie negativ, und die Situation zur friedlichst möglichen Lösung zu führen. Ebenso war ich an der Idee interessiert, dass Aikido nur solange gut funktioniert, wie der Ausführende sich selbst unter Kontrolle hat. Außerdem interessierte mich, dass das allgemeine Ziel des Aikidoka (desjenigen, der die Kunst ausübt) darin besteht, sicherzustellen, dass der Angreifer in einer Auseinandersetzung nicht zu Schaden kommt. Die Akteure müssen sich in Aikido um ihre Angreifer kümmern, obwohl es in der Absicht des Angreifenden liegen kann, ihnen Schaden zuzufügen.

Als ich mit dem Training anfing, war ich wie die meisten neuen Schüler überflutet von den verschiedenen Techniken der Kunst. Mir wurde beigebracht, mich flüssig zu bewegen und korrekt zuzustoßen und zuzuschlagen. Ebenso wurde mir *Ukemi* beigebracht, die Kunst der Verteidigung, oder des Um-sich-selbst-Kümmerns. Nichtsdestotrotz schien etwas, von dem ich im Zuge meiner Nachforschungen noch vor dem eigentlichen Beginn meines Trainings gelesen hatte, zu fehlen. Im Speziellen wurde weder viel geredet über, noch viel geübt an der innerlichen (und letztlich äußerlichen) Ruhe, welche notwendig ist, um die Kunst richtig auszuüben.

In diesen frühen Anfängen lag der Schwerpunkt meines Trainings zumeist darin, die Techniken mittels Kraft und Kontrolle der

Gelenke meines Partners auszuführen. Nun sind dies natürlich wichtige Aspekte. Doch als mein Training weiterging, nahm ich an, der Fokus würde sich schließlich auf die feineren Aspekte der Kunst verlagern, nämlich die interne und externe Sanftheit.

Doch leider wurden jene Aspekte in unserem Dojo selten besprochen und selten geübt; der Aikidostil, in welchem ich mich entschlossen hatte zu trainieren, wurde von Lehrern unterwiesen, die sich auf die korrekt ausgeführte Technik als völlige Kontrolle des Körpers eines Gegners fokussierten. Sie unterrichteten, wie sie selbst unterrichtet worden waren.

Die Techniken von Aikido sind äußerst effektiv, ungeachtet dessen, wie viel Raffinesse zum Einsatz kommt. Aufgrund dieser Effektivität kann der Aikidoka, je mehr Muskel er oder sie in die Technik legt, desto weniger fühlen wie der Körper des Partners darauf reagiert und damit steigt auch das Risiko einer Verletzung des Partners. Im Laufe der Zeit bemerkte ich, wie unser Dojo aufgrund des allgemein demonstrierten Mangels an Feingefühl in der Ausführung der Techniken Schüler verlor, vor allem seitens der höherrangigen Schüler. Tatsächlich bin ich von den circa ein Dutzend Schülern, die etwa zur selben Zeit wie ich begonnen hatten, das einzige, immer noch aktive Mitglied unseres Dojo.

Viele Schüler gingen, nachdem sie beim Training mit einem der Schüler höheren Ranges verletzt worden waren, dessen Technik absolut makellos, dessen Gefühl jedoch mangelhaft war. Viele erlitten gebrochene Finger, überdehnte Ellbogen, Gehirnerschütterungen, verstauchte Handgelenke und verletzte Knie. Ich brachte es (neben vielen anderen Verletzungen) auf ein gebrochenes Schlüsselbein und Sehnenabrisse im Bereich der Rotatorenmanschette, aufgrund derer ich mich schließlich einer Schulter-OP unterziehen musste.

Im Laufe der Zeit schmolz die Anzahl der Schüler auf eine Handvoll zusammen, dann ging sie runter auf drei, und am Ende waren es nur noch zwei; ich und ein anderer. An diesem Punkt wurden die Aikidostunden abgesagt; um weiterhin trainieren zu können, wurden wir in die Karatestunden übernommen.

Während der Monate, in denen die Teilnehmerliste schrumpfte, war ich unterwegs und gab Reitkurse, was mir die Möglichkeit bot, andere Dojos im Land aufzusuchen. Das Glück war auf meiner Seite, sodass ich mit einigen der Besten der Kunst trainieren und lernen konnte, Leuten, von denen ich bis dahin nur gehört und über sie gelesen hatte. Sobald ich mein Training mit ihnen aufgenommen hatte, verspürte ich beinahe sofort jene kraftvolle Sanftheit, die mir versagt geblieben war, nicht nur in meinem Aikidotraining, sondern auch in meiner Reiterei.

Zum ersten Mal trainierte ich mit jemandem, der eine tiefe Kenntnis dieser kraftvollen Sanftheit besaß, in einem kleinen Dojo an der Westküste. Sensei (der Lehrer) ersuchte mich, den Schüler auf Besuch, ihm beim Vorzeigen einer Technik vor versammelter Klasse zu helfen. Ich sollte einen Schlag von oben gegen den Kopf des Lehrers führen, eine Bewegung ähnlich, als würde man mit einem Messer oder einer Flasche zuschlagen. Danach würde er die Kampftechnik mit mir ausführen, sodass die anderen Schüler wüssten, woran er sie üben lassen wollte.

Jene spezielle Technik, die er vorführte, war eine, in welcher ich ziemlich versiert war. Es handelte sich um eine Version einer Übung namens *Kokyunage,* und es war eine, die ich gelernt hatte zu verachten; sie endete immer mit Schmerzen in meinem Arm und meiner Schulter als Resultat der Krafteinwirkung auf diese während des Wurfs durch die Leute, mit denen ich übte.

Als ich mich bereitmachte, den Schlag zu führen, konnte ich die aufkeimende Besorgnis spüren. *Das wird schmerzhaft*, dachte ich bei mir. Ich hatte Geschichten über Schüler auf Besuch in einem neuen Dojo gehört, die vom Sensei und anderen hochrangigen Schülern augenblicklich in Sandsäcke umgewandelt wurden – ein Weg, um mit dem „Können" des Dojo zu protzen.

Sensei konnte die Besorgnis in mir sehen. Zum Kuckuck, ein Blinder hätte sie sehen können. Er atmete aus, und dann lächelte er. „Mach Dir keine Sorgen", sagte er so leise, dass nur ich es hören konnte. Dann nickte er, was für mich das Signal war anzugreifen, was ich tat.

Als ich meine Hand hinunter auf seinen Kopf zuschwang, verkrampfte ich mich in Vorbereitung auf eine sicherlich sehr schmerzhafte Fixierung, gefolgt von einem dann ebenso schmerzhaften Wurf. Der Schlag sauste mit meiner geballten Kraft hinunter. Wie erwartet bewegte sich Sensei ein wenig nach links, was den Schlag seinen Kopf verfehlen ließ. *Jetzt kommt's*, erinnere ich mich gedacht zu haben. Aber anstelle der erwarteten schmerzhaften Fixierung fing Sensei meinen Arm weich in der Beuge seines Ellbogens auf und erstaunlicherweise schien mein Arm sich ganz einfach mühelos seinem Körper zu nähern. Mein Körper folgte meinem Arm, als er mich leicht drehte, und dann, nur für eine Sekunde, fühlte ich mich schwerelos schwebend in Zeit und Raum. Dann hob ich plötzlich, jedoch sanft, rückwärts Richtung Matte ab. Ich fand mich in der virtuosesten Rückwärtsrolle wieder, die ich meines Wissens nach je ausgeführt hatte, welche es mir erlaubte, unmittelbar aus ihr in den Stand zurückzufedern, mit Blick auf Sensei.

Ich hatte keine Ahnung, wie ich dort hingekommen war, oder was Sensei getan hatte, das in meiner Akrobatik resultierte. Aber es musste fantastisch ausgehen haben, das wusste ich. Als ich da in meiner Verteidigungsstellung Sensei gegenüberstand, wunderte ich mich, warum der Rest der Klasse nicht applaudierte!

Sensei drehte sich zur Klasse und begann zu erklären, was er getan hatte. Ich begab mich sofort auf meine Knie (ein Zeichen des Respekts für den Lehrer), und als ich so in die Gesichter der anderen Schüler blickte, erkannte ich langsam, dass der Grund, warum sie von dem, was sich gerade ereignet hatte, nicht beeindruckt waren, darin lag, dass es für sie nichts Außergewöhnliches darstellte. Das war schlicht die Art und Weise, wie sie unterrichtet wurden, mit kraftvoller Sanftheit. Und einfach so – als ob jemand den Schalter eines enormen Flutlichts umgelegt hatte, das nur ich sehen konnte – wurde mir die Sache, die in meinem Aikido, meiner Reiterei, und meinem Leben gefehlt hatte, plötzlich sehr klar.

Über die nächsten paar Jahre kehrte ich zu diesem Dojo zurück, wann immer ich in der Gegend war, und ich fand andere über das Land verteilt, in denen die Kunst in ähnlicher Art und Weise gelehrt wurde. Langsam aber sicher begann ich, nicht nur die Nuancen dessen zu erfassen, worin ich unterwiesen wurde, sondern auch, wie die von mir gesuchte kraftvolle Sanftheit tatsächlich zu erreichen war.

Während es eine Vielzahl an Bestandteilen und Variablen gibt, die, wie ich erkannte, in die Entwicklung der Art von Sanftheit hineinspielen, von der wir hier sprechen, waren zwei unabdingbar für ihr Erreichen. Dies war erstens die allumfassende Entwicklung von etwas, das ich letztlich mit dem Begriff der *inneren Sanftheit* bezeichnete.

Innere Sanftheit meint exakt, was die Worte ausdrücken: Sanft zu werden aus dem Inneren, und es dann dieser Sanftheit zu erlauben, sich über den Rest des Körpers zu verbreiten, sowohl innen als auch außen. Dies war das schwierigste Puzzlestück für mein Verständnis, vor allem weil meine Aufmerksamkeit dafür und meine Auffassung davon erst viel später in mein Training Einzug hielten. Aber das war es auch, weil mir die Idee ziemlich fremd war; die meisten meiner Lehrer verwendeten verschiedene Begriffe, um im Prinzip das gleiche Konzept zu beschreiben. Das führte, wie sich herausstellte dazu, dass ich eine Zeitlang versuchte, die Worte zu verstehen, die sie verwendeten, anstatt das Konzept an sich zu erfassen.

Bevor ich hier fortfahre, muss ich kurz einen Schritt zurückgehen und hervorheben, dass in den meisten Ausprägungen des Reitens intensives Augenmerk darauf gelegt wird, Sanftheit in den Händen des Reiters zu entwickeln. Tatsächlich haben die meisten von uns sicher schon das eine oder andere Mal wahrscheinlich davon gehört, ein Pferd dazu zu bringen, einem „Fühlen" zu folgen. Gerade diese Idee oder dieses Konzept bezieht sich normalerweise auf einen Reiter oder Akteur vom Boden, der das Pferd sanft mittels eines Seils oder Zügels lenkt, welches oder welcher von der Hand der Person zum Kopf oder zum Mund des Pferdes führt.

Wenngleich dieser Gedanke sicherlich ein sehr guter ist und wenngleich er ebenso einer ist, über den ich jahrelang gesprochen und den ich sogar jahrelang gelehrt habe, lässt er es andererseits leider manchmal nicht zu, das Gesamtbild in Bezug auf *vollkommene* Sanftheit in Augenschein zu nehmen. Sehen Sie, indem wir uns nur auf das Sanftmachen der Hände konzentrieren, wie es viele Leute tun, kümmern wir uns nur um einen kleinen Teil unseres Körpers: die Hände. Darüber hinaus befinden sich unsere Hände am äußersten Ende unserer Arme, so weit vom Körper entfernt wie es nur geht. Während daher der Versuch, unsere Hände sanft zu machen, gewiss einen guten Anfang darstellt, bin ich nicht sicher, wie viel Sanftheit tatsächlich beim Pferd ankommt, sollte der Rest des Körpers steif oder angespannt bleiben.

Dies vorausgeschickt, verhalf mir das erwähnte Training mit einigen der Aikido-Meister zur Einsicht, dass völlige Sanftheit nicht dem Äußerlichen des Körpers entspringt. Es kommt von innen. Des Weiteren erkannte ich, dass zwei unabhängige, jedoch gleich wichtige Aspekte zur Entwicklung dieser *inneren Sanftheit* beitragen. Der erste besteht aus jenem Teil, der praktisch das physische Sanftwerden des Körperinneren beinhaltet, was durch das Trainieren relativ einfacher, körperlicher Übungen erreicht werden kann. Das Erreichen des zweiten Aspekts kann sich für die meisten Leute als sehr viel schwieriger erweisen, denn dies beinhaltet die emotionale Facette von Sanftheit, einen ruhenden und positiven Geist, welcher im Gegenzug die Tendenz aufweist, unsere gesamte physische Sanftheit zu verbessern.

Der Grund, warum es so schwer sein kann, die emotionale Facette umzusetzen, liegt darin, dass viele Leute ihren Alltag mit einem hohen Niveau an Stress und Sorge über so ziemlich alles, was sie tun und worin sie involviert sind, verbringen. Diese Leute messen im Großen und Ganzen allen Dingen in ihrem Leben die gleiche Bedeutung zu, egal ob alle Dinge tatsächlich wichtig sind oder nicht.

Würden wir beispielsweise unseren verschiedenen Tagesaktivitäten einen Wert basierend auf einer Nummernskala der Wichtigkeit von null bis zehn zuweisen, mit null für eine Aktivität oder Situation, die nichts von unserer Energie oder Zeit benötigt und zehn für einen Notfall, der all unsere Aufmerksamkeit und Zeit benötigt, so wären wir erstaunt zu sehen, dass die meisten von uns dauernd auf Stufe sechs oder sieben herumlaufen, tagtäglich und in fast allen Situationen. Das Einkaufen der Milch zu vergessen könnte beispielsweise als ebenso wichtig eingestuft werden wie ein Platten an unserem Auto. Der Platten könnte als gleich bedeutend empfunden werden wie dabei zuzusehen, wie unser Sohn hinfällt und sich das Knie aufschürft, und dies könnte uns gleich wichtig sein wie jemand, der uns mit dem Auto schneidet, was wiederum gleich wichtig ist wie das Missgeschick unseres Hundes auf dem Teppich.

Wenn es nur derart geringe Unterschiede im Grad der Wichtigkeit unserer normalen Tagesaktivitäten oder -situationen gibt, fällt es den Leuten oft schwer, einen gelassenen, ruhenden Geist zu erlangen. Dies kann sich wiederum zu innerer Zerrissenheit und einem Mangel an innerer Sanftheit entwickeln, nicht nur mit unseren Pferden, sondern in allem, was wir den ganzen Tag tun.

Eine andere Angewohnheit, die uns den Weg zu innerer Sanftheit verstellen kann, besteht darin, eine negative Erwartungshaltung in unsere täglichen Agenden hineinzutragen. Diese abschätzige Einstellung schließt auch oft die Worte mit ein, die wir benutzen, sowie die Verhaltensweisen gegenüber den anderen um uns, Pferd wie Mensch. Unser Pferd als Reaktion auf irgendein unerwünschtes Verhalten mit Schimpfworten zu belegen, fiele beispielsweise in diese Kategorie.

Ich nehme an, viele Leute, die dies lesen, wird die Vorstellung stutzig machen, dass unsere Denkweise und unsere Wortwahl etwas damit zu tun haben, wie das Äußerliche unseres Körpers die Anfragen unseres Geistes nach Sanftheit, wenn Sanftheit gebraucht wird, beantwortet (oder unbeantwortet lässt). In Wahrheit arbeiten unser Körper und unsere Emotionen als Einheit, nicht als unabhängige Instanzen, die man irgendwie voneinander trennen könnte. Es ist nicht möglich, dass der eine in perfekter Harmonie arbeitet, während sich der andere in perfekter Aufruhr befindet. Herrscht in einem Tumult, wird der Tumult in beiden herrschen. Und bei zu viel Aufruhr, besonders über eine gewisse Zeit hinweg, kann es sehr schwierig werden, wenn nicht sogar unmöglich, wahre Sanftheit zu entwickeln.

Als ich mit der Erkundung und dem Üben der Feinheiten der inneren und äußeren Sanftheit fortfuhr, die ich durch mein Aikidotraining für mich gesucht hatte, bemerkte ich, dass ich in meiner Arbeit mit Pferden immer noch erst flüchtige Blicke ihrer praktischen Anwendung erhaschen konnte. Manchmal äußerte sich Sanftheit in meinen Pferden durch ein etwas anderes Gefühl am Führstrick oder Zügel, oder ein Pferd, mit dem ich arbeitete, hob etwa plötzlich seinen Fuß nach Aufforderung mit wenig oder keinerlei Mühe, oder trat angebunden lediglich durch die Andeutung einer Berührung meiner Hand ruhig zur Seite. Manchmal gelang ein Wechsel der Gangart beim bloßen Gedanken meinerseits, ein anderes Mal wieder nicht.

Ohne Frage waren dies alles sehr positive Schritte in die Richtung, in die ich versuchte zu gehen, doch sie waren kaum die Art von dramatischer Rückmeldung, die ich mit meinen Partnern im Dojo gesehen und gespürt hatte. Im Dojo entwickelte ich langsam eine Fähigkeit, diese Art von kraftvoller Sanftheit einzusetzen, sodass der gesamte Körper meines Partners unter kaum mehr als der Berührung einer Hand oder eines Arms plötzlich nachgab. Fast wie durch Zauberkraft, würde sich mein Partner dann schwerelos wiederfinden, in welcher Technik wir uns auch immer übten. Diese Schwerelosigkeit verwandelte sich rasch in etwas, das einer meiner Lehrer als *Eins* bezeichnete, wenn zwei oder mehr Individuen sich derartig innerlich verbinden, dass sie zu einer Einheit werden, sich beide derselben Gedanken zur selben Zeit bedienen.

Doch jenes selbe, sehr spezielle Gefühl mit Pferden auf einem relativ gleichbleibenden Niveau zu erarbeiten, war mir noch versagt geblieben. Bis zu jenem Tag, an dem ich einer Kursteilnehmerin half, deren Pferd ein Anhängerverladeproblem hatte. Oder vermutlich zutreffender, ein Anhänger-*Entlade*-Problem. Was so viel heißt wie der Wallach würde ohne viel Aufhebens in den Anhänger einsteigen, doch der einzige Weg, wie er ihn wieder verlassen würde, bestand darin, dass ihn jemand umdrehte und hinausführte. Es schien ihm so gut wie unmöglich zu sein rückwärts auszusteigen.

Normalerweise wäre das für die Besitzerin kein Problem gewesen, und tatsächlich wusste sie nicht, dass es ein Problem war, bis sie einen neuen Anhänger kaufte. Ihr früherer Hänger war ein kleiner Vier-Pferde-Großraum- -Transporter ohne Zwischenabtrennungen gewesen, so hatte sie das Pferd immer einfach umgedreht und herausgeführt. Doch als sie einen nagelneuen, spezialangefertigten Zwei-Pferde-Diagonalladehänger mit Wohnbereich kaufte und ihr Pferd zum ersten Mal mit ihm transportierte, erkannte sie, dass sie ein Problem hatte!

Am Zielort angekommen, versuchte sie, den 155 cm, 600 Kilo Wallach rückwärts aus dem Anhänger zu führen, nur um herauszufinden, dass er davon überhaupt nichts wissen wollte. Drei Stunden später trat sie mit dem Pferd die Heimreise an, ohne ihn ausgeladen zu haben. Zuhause angekommen rief sie einen Tierarzt an, ließ den Wallach sedieren, um ihn schließlich irgendwie quasi hinaustorkeln zu lassen.

Sie versuchte dann verschiedenste Dinge, um dem Pferd die Idee des Rückwärts-Aussteigens näherzubringen, alle fundiert und brauchbar, doch mit begrenztem Erfolg. Bis sie zu meinem Kurs kam, zog sie ernsthaft in Erwägung, ihren teuren, neuen Anhänger zu verkaufen und zu irgendeinem Typ Viehtransporter zurückzukehren, damit sie ihr Pferd einfach wieder umdrehen könnte.

Wir verbrachten ein wenig Zeit mit dem Wallach, einem alles in allem recht ruhigen und zugänglichen Zeitgenossen, und fanden heraus, dass er sich der Rückseite des Anhängers problemlos nähern konnte. Nach Aufforderung stellte er seine Vorderbeine in den Hänger, blieb stehen und verließ den Hänger dann rückwärts. Doch sobald er alle vier Füße im Hänger hatte, ging nichts mehr. Die Frau ging mit ihm in den Hänger und fast noch im selben Augenblick, da er den vierten Fuß hineingesetzt hatte, begann sie am Führstrick zu ziehen, um ihn wieder rückwärts hinauszuführen. Er rührte sich nicht. Sie drückte mit ihrer Hand auf seine Brust, lehnte sich mit ihrer Schulter gegen seinen Hals, berührte seine Vorderbeine mit dem Führstrick, zog wiederum am Führstrick und verwendete dann eine Kombination all dessen. Jedes Mal, wenn sie etwas hinzusetzte, wurde das Pferd nur noch steifer und fester entschlossen, seine Stellung zu halten. Nachdem nichts von dem, was sie im Hänger versucht hatte, half, verließ sie den Hänger mit dem Führstrick in der Hand und versuchte, ihn von hinten zu ziehen. Als Reaktion auf den Druck drehte der Wallach ein wenig seinen Kopf, doch das war es dann auch schon.

Nach einer Reihe von erfolglosen Versuchen wandte sie sich zu mir, lächelte und übergab mir den Strick. Ein wenig Kichern erhob sich von den etwa Dutzend Leuten, die an diesem Tag als Zuschauer gekommen waren und sich um den Hänger versammelt hatten, um zu sehen, wie wir die Probleme des Wallachs lösen würden.

Dies war nicht das erste Mal, dass ich einem Pferd mit diesem Problem begegnete. Tatsächlich ist es weiter verbreitet als man annehmen würde. Manchmal tritt es auf wie in diesem Fall, wo sich das Pferd, sobald innerhalb des Hängers, einfach weigert rückwärts zu gehen. Ein anderes Mal zeigt es sich als *Verlade*-Problem, wenn das Pferd bis zur Rückseite des Hängers geht und sich dann aber weigert einzusteigen. In beiden Fällen liegt das Verhalten für gewöhnlich in Angst begründet, und indem man ein wenig Zeit mit dem Pferd verbringt, langsam weitermacht und das Maß an ausgeübtem Druck beschränkt (oder das richtige Maß an Druck zum richtigen Zeitpunkt anwendet), kann ein Pferd meist ohne allzu viel Mühe überredet werden, rückwärts aus dem Hänger zu steigen.

Aber dieser Bursche war anders. Dies war das erste Mal, dass ich ein Pferd sah, welches ganz und gar entschlossen war, auf demselben Platz stehenzubleiben, bis es jemand herumdrehen und hinausführen würde. Durch die Größe des Pferdes und den begrenzten Raum innerhalb des Hängers schied Umdrehen leider als Option aus. Er würde rückwärts hinausgehen müssen.

Ich lächelte, als ich das Seil von der Besitzerin übernahm und zum Wallach ins Innere des Hängers stieg. Ich streichelte ihn, als ich mich an ihm vorbei zu seinem Kopf nach vorne durchquetschte. Dann, so sanft ich konnte, übte ich ein wenig nach hinten gerichteten Druck über den Führstrick aus, ähnlich wie es die Besitzerin ursprünglich getan hatte, doch mit deutlich weniger Kraft. Komischerweise hatte diese eine, einfache Sache – die Stärke der eingesetzten Kraft zu vermindern – schon einige Male ausgereicht, um ein besorgtes Pferd zumindest beginnen zu lassen, darüber nachzudenken rückwärts zu gehen. Nicht diesen Burschen. Ungeachtet wie wenig oder wie viel Druck ich ausübte, das Gefühl, das von ihm als Reaktion zurückkam, änderte sich nicht. Ich hätte genauso gut an einer Steinmauer lehnen können, um die Antworten zu bekommen, die ich von ihm erhielt.

Es war Anfang Mai und obwohl das Wetter mild und alle Fenster und Durchgänge des Hängers offen waren, war die Sonne intensiv. Ich konnte den Schweiß spüren, wie er in kleinen Bächlein von meinem Kopf aus über die Mitte meines Rückens hinunterlief. Auch dem Wallach wurde zusehends warm. Seine Brust, die Flanken, Schultern und sogar die Bereiche um seine Augen verdunkelten sich durch den Schweiß. Hie und da zog eine leichte Brise durch die offene Tür, die einen Anhauch von Pferdeschweiß an mir vorbei in Richtung der Vorderseite des Anhängers schickte.

Ich muss zugeben, dass ich heutzutage nicht auf allzu viele pferdetechnische „Problem“-Situationen stoße, bei denen ich mir nicht sicher wäre, dass ich zumindest ein wenig von Nutzen sein könnte. Das mag protzig klingen, ich meine es aber nicht so. Letzten Endes wird es in den meisten Berufen, insbesondere einem Beruf, den man über sehr lange Zeit ausgeübt hat, leichter, Lösungen für immer wiederkehrende Arten von Problemen zu finden.

Aber als ich da so in dem Hänger stand, Schweiß rann von mir und dem Pferd, wurde ziemlich deutlich, dass keiner von uns beiden eine Idee hatte, wie wir uns aus dieser misslichen Lage befreien könnten. Ich versuchte, ihn mit dem nur Führstrick zurückzubewegen, und als das nicht funktionierte, platzierte ich meine Hand auf seiner Nase und bat ihn zurückzutreten. Als das nicht funktionierte, legte ich meine Hände auf seine Brust und als das nicht funktionierte, erprobte ich eine Kombination mit meiner Hand auf seiner Brust unter gleichzeitigem Druck auf dem Führstrick. Ich machte mich daran, ihn leicht vor und zurück zu wiegen, um zu sehen, ob ich nicht einen lateralen Schritt auf der einen oder anderen Seite aus ihm herauskriegen könnte, denn manchmal kann das ausreichen, um sowohl die Füße des Pferdes als auch seinen Kopf zu befreien. Doch nichts von alldem funktionierte.

Alles, was ich bis zu diesem Zeitpunkt unternommen hatte, dauerte weniger als fünf Minuten, aber ich konnte bereits voraussagen, dass es beträchtlich länger dauern würde, den Wallach dazu zu bringen, darüber nachzudenken, rückwärts zu gehen, falls überhaupt. Er war absolut überzeugt, dass es ihm nicht möglich sein würde, das zu tun, und deshalb war er nicht willens, sich in irgendeine Richtung außer vorwärts zu bewegen.

Hätten wir mehr Platz gehabt, wäre vorwärts tatsächlich eine Option gewesen, denn es wäre zumindest Bewegung gewesen, und Bewegung ist etwas, das wir lenken können. In solchen Situationen kann sogar eine Vorwärts- in eine Rückwärtsbewegung verwandelt werden, wenn man es richtig anstellt. Hätte ich ihn allerdings im Hänger noch ein Stückchen weiter vorwärtsgehen lassen, so hätten wir überhaupt keinen Platz mehr für irgendetwas gehabt. So standen wir also da.

Ich stieß einen langen Seufzer aus, teilweise, um Frust loszuwerden, und teilweise, um das Pferd wissen zu lassen, dass ich ihm nicht böse war, obwohl die Situation unlösbar schien. Sobald ich ausatmete – wie es fast immer der Fall ist – schien sich der Wallach zu entspannen und atmete ebenfalls aus. Dann ließ er seinen Kopf sinken und verlagerte gleichzeitig sein Gewicht nach vorne. Ich stand fast genau vor ihm, und als er sich nach vorne umstellte, platzierte er absichtlich seine Nase auf meiner linken Hüfte, die Oberseite seines Kopfes somit in der Nähe meiner Schulter. Er nahm behutsam Kontakt auf und fing dann an, sein Gewicht äußerst absichtsvoll zu mir hinüberrollen zu lassen, als wäre er ein Elefant, der versuchte, einen Baum aus dem Weg zu räumen.

Komisch, wie der Verstand arbeitet. Sobald ich den Wallach sich gegen mich lehnen spürte, war mein erster Gedanke – und meine erste Reaktion – zurück gegen ihn zu drücken. Ich nehme an, dies lag teilweise an unserem natürlichen Instinkt, Dingen, die auf uns drücken, mit Gegendruck zu begegnen, und teilweise, dass ich nicht niedergetrampelt werden wollte. Natürlich ist es keine gute Idee, gegen ein Pferd zu drücken, das es sich zum Ziel gemacht hat, durch dich hindurch, an dir vorbei oder über dich drüber zu marschieren, und ich kam schnell zur Besinnung. Allerdings wich ich auch nicht aus oder machte dem Pferd den Weg frei. Stattdessen hielt ich meine Position, ähnlich wie ich es einige Wochen zuvor während einer Aikidostunde getan hatte.

In jener Stunde hatten wir unseren Schwerpunkt auf die innerlichen Elemente von Aikido gelegt. Im Speziellen, wie man sich mit einer schier überwältigenden Menge an Kraft, Druck oder Energie verbinden könnte, während man eben jener Kraft, jenem Druck oder jener Energie gleichzeitig positive und produktive Richtung verleiht. In einer Übung bildeten einige Schüler eine Reihe. Jeder in der Reihe platzierte seine Hände auf den Schultern des Vordermannes, mit Ausnahme der Person, die zuvorderst stand. Diese Person drehte sich um und blickte zur Reihe. Dann platzierte die zweite Person in der Reihe, die nun der ersten gegenüberstand, seine oder ihre Hände auf deren Schultern. Auf Kommando von Sensei lehnten sich alle Schüler in der Reihe als eine Gruppe gegen die zuvorderst stehende Person.

Der erste Teil der Übung bestand darin, dass die Person, gegen die sich die anderen lehnten, ihr oder sein Zentrum aktivierte und es dann bis zu jenem Punkt in Richtung Boden fallen ließ, an dem es ihr möglich wurde, ihre Position zu halten, ohne bewegt oder niedergestoßen zu werden. War dies erreicht, bestand der nächste Schritt darin, innerlich sanft zu werden und gleichzeitig die physische, äußere Stabilität zu bewahren.

Die meisten Übungsteilnehmer dieses Abends waren ziemlich versiert in den Prinzipien der Entwicklung innerlicher Sanftheit, welche darin bestanden, korrekt zu atmen, einen gelassenen Geist zu bewahren und von den Eindrücken einer physischen Übung zu zehren, die wir zuvor an diesem Abend praktiziert hatten, einer, die geschaffen war, um den Körper von innen heraus sanft zu machen und gleichzeitig die Kraft des Zentrums der Person zu verstärken. An diesem Punkt wurde nun das scheinbar Unglaubliche machbar. Sobald diese Prinzipien von der vordersten Person umgesetzt worden waren (jener, gegen die sich bis zu neun andere Personen lehnten), konnte sie durch diese Sanftheit eine innere Verbindung zu jedem Einzelnen aufbauen.

Daraufhin, mit nicht viel mehr als dem Gedanken, in welche Richtung er oder sie die Reihe bewegen wollte, begannen die Individuen in der Reihe zu spüren, wie ihre Körper anfingen, sich der Sanftheit des Inneren der Person anzupassen, gegen die sie sich lehnten. Weiters folgten alle schlussendlich in ihren Bewegungen der Richtung des Gedankens jener Person. Sekunden, nachdem jeder in der Reihe sanft geworden war und sich dann in die vom Vordersten gedachte Richtung neigte, fing die gesamte Reihe an zusammenzubrechen und die Leute in ihr fielen wie Dominosteine.

Natürlich hatten wir an diesem Abend eine Menge ähnlicher Techniken ausgeführt, in denen die inneren Elemente der Kunst geübt wurden, doch aus irgendeinem Grund war es diese eine, die mir in den Sinn kam, als das Pferd und ich zusammen im Anhänger standen. Vielleicht deshalb, weil sich das Anlehnen des Wallachs so ähnlich anfühlte wie jenes, welches ich verspürt hatte, als meine Mitschüler sich an diesem Abend gegen mich gelehnt hatten, als ich als Vorderster der Reihe zum Zug kam.

Wie dem auch sei, als das Pferd mit seinem Kopf gegen mich drückte, veränderte ich leicht meinen Stand, indem ich meinen linken Fuß für etwas mehr Stabilität nach hinten gleiten ließ. Genau wie in der Übung wurde ich sanft aus dem Inneren heraus, während ich dem Äußeren meines Körpers gestattete, fest und beständig zu bleiben, dann ließ ich all mein Gewicht in meinen hinteren Fuß sacken, ich verwendete mein hinteres Bein als Anker. Das Pferd reagierte zunächst mit mehr Druck, doch dann ging sehr bald eine Welle einer Entspannung durch seinen gesamten Körper. Diese Entspannung dauerte nur ein paar Sekunden, bevor er sich versteifte und erneut zu drücken begann. Diesmal lastete der Druck schwerer und deutlich intensiver. Es fühlte sich an, als begänne er in seinen Hinterbeinen, käme herauf über seine Oberlinie, über den Widerrist, durch das Genick, über den höchsten Punkt und direkt hinein in seinen Kopf und die Nase, sodass der Druck in meine Schulter und Hüfte übertragen wurde.

Unter normalen Umständen hätte diese Art von Druck ausgereicht, um mich von den Füßen zu reißen. Immerhin war das Pferd viel größer, schwerer und stärker als ich es jemals sein könnte. Aber es passierte nicht! Stattdessen konnte ich fühlen, wie all der Druck der Last des Pferdes von meiner Hüfte und Schulter in meinen Körper wanderte, wo er aufgesogen und schließlich mein hinteres Bein hinunter in den Boden des Hängers befördert wurde, was mich sogar noch stabiler machte, als ich es anfangs gewesen war.

Das Pferd fuhr fort zu lehnen, und ich tat mein Bestes, sanft und stabil zu bleiben. Nach nur ein paar Minuten konnte ich fühlen, wie sich der Druck, der wenige Sekunden noch so stark gewesen war, zu lösen begann. Die Veränderung war zunächst beinahe nicht wahrnehmbar und ich bin mir sicher, hätte ich dagegen gedrückt, ich hätte sie niemals bemerkt. Alles in allem stand ich ja einfach nur auf der Stelle in der stabilsten Haltung, die ich finden konnte und erlaubte dem Wallach, gegen mich zu drücken – genau wie der Anbindebalken, den ich zuvor beschrieben habe. Wie ein Anbindebalken neutral bleibt, während das Pferd an ihm zieht, so tat ich im Grunde genommen mein Bestes, es genauso zu machen, nur mit anderen Vorzeichen: neutral zu bleiben, während das Pferd gegen mich drückt.

Und wie wenn ein Pferd an etwas zieht, das sich nicht bewegt und der einzige Weg, ein Nachgeben zu erreichen darin besteht, vorwärts zu gehen, so erreichte das Pferd sein Nachgeben in diesem Fall, indem es vor dem Ding, an dem es drückte, zurückwich – nämlich mir. Der Druck, den der Wallach auf meine Schulter und meine Hüfte ausübte, ließ zunächst nur ganz leicht, beinahe unmerklich nach. Doch je länger wir zusammen standen und je sanfter ich zu bleiben versuchte, desto sanfter und empfänglicher wurde er für die Idee, sich in die Richtung zu bewegen, die ich vorschlug, während er gleichzeitig seine Verbindung zu mir aufrechterhielt.

Es war diese Art der Verbindung, die ich viele Male im Dojo gefühlt hatte, doch dies war das erste Mal, dass ich sie auf einem solchen Niveau mit einem Pferd verspürte. Wir blieben physisch verbunden, sein Kopf an meiner Schulter und seine Nase auf meiner Hüfte, als jeder von uns sich sanft mit dem anderen verband. Meine Qualität der Wahrnehmung dessen, was sich im Körper des Pferdes abspielte war unvergleichlich zu allem, was ich bisher erlebt hatte. Dies war ein Gespräch, für das ich etwas Zeit brauchte, um ihm folgen zu können. Es gab Fragen von ihm und Antworten von mir, und Fragen von mir und Antworten von ihm. Auch auf die Gefahr, anthropomorph zu klingen, aber das Gespräch fühlte sich ein wenig wie das Folgende an:

Könntest Du ein wenig dahin rücken?

Ich glaube nicht. Aber ich könnte es vielleicht dorthin schaffen.

Dorthin wäre ok.

Und dann bewegte er sich dorthin.

Ich muss ein wenig nach rechts, fühlte ich ihn sagen.

Lass uns eine Sekunde abwarten, bedeutete ich ihm.

Abwarten könnte gehen, kam von ihm retour.

Und inmitten dieser ruhigen Konversation begann sich Bewegung abzuzeichnen, die noch wenige Minuten zuvor unmöglich erschienen war. Sie begann, indem der Wallach einfach seinen Körper von der Nase bis zum Schweif entspannte. Dann setzten kleine Gewichtsverlagerungen ein, zunächst von einer Seite zur anderen. Dann verstärkten sich langsam kleine Verlagerungen nach hinten. Bald ließ die seitliche Bewegung nach und die Rückwärtsbewegung wuchs, bis der große Wallach mit seinem rechten Vorderbein einen sehr winzigen Schritt in Richtung der Hängerrückseite setzte.

Ohne unsere Verbindung zu verlieren, oder ihn zu drücken, damit er sich mehr bewege, streichelte ich ihn sanft auf seiner Wange und dem Hals, während ich weiter an der Sanftheit arbeitete, die sich zwischen uns entwickelt hatte. Zu diesem Zeitpunkt wirkte er beinahe völlig entspannt und willens, wenngleich unsicher, zu versuchen, sich weiter nach rückwärts zu arbeiten.

Bald zeigte sich ein weiterer kleiner Schritt, diesmal mit seinem linken Vorderfuß. Dann unternahm er einen weiteren winzigen Schritt mit rechts vorne, und dann mit links hinten. Er stoppte und erstarrte leicht, als ob er zum ersten Mal erkannte, dass er sich in jene Richtung bewegte, von der er nicht glauben konnte, dass sie ihm möglich war. Er bot an, sich vorwärtszubewegen, indem er sich gegen mich lehnte, gab dies aber sehr schnell auf, wurde weich und verlagerte sein Gewicht wiederum nach hinten. Er zögerte einige Sekunden und dann – mit einem tiefen, langen Seufzer – setzte er mit seinem rechten Hinterbein einen großen Schritt zurück. Auf diese Weise landete der Fuß ganz am Ende des Anhängerbodens, gerade so weit, wie er hatte zurücktreten können, ohne tatsächlich hinauszusteigen. Diesem Schritt folgte ein Schritt zurück mit seinem linken Vorderbein, dann links hinten und schließlich rechts vorne.

Nun war er am äußersten Ende des Hängers angekommen, beide Hinterbeine standen teilweise über den Rand des Hängerbodens hinaus. Sehr sanft lehnte er sich wieder an mich. Diesmal fühlte es sich eher an, als benötigte er ein wenig Zuspruch, denn dass er vorwärts gehen wollte. Er stieß einen weiteren Seufzer aus. Einige Sekunden verstrichen, dann verlagerte er sein Gewicht, um sich besser auszubalancieren. Und endlich, als ob er sein Lebtag nichts anderes gemacht hätte, stieg er mit seinem rechten Hinterbein äußerst wohlüberlegt aus dem Hänger. Er zögerte erneut, dann ließ er sein linkes Hinterbein hinausgleiten. Rasch, doch sanft, trippelte er mit beiden Vorderbeinen aus dem Hänger hinaus und dann, einfach so, befand sich sein gesamter Körper außerhalb des Anhängers.

Die Leute, die zuschauten, verfielen in aufgeregten, aber leisen Applaus, und der Wallach sah zu ihnen hinüber, als ob er sich wunderte, was all der Wirbel zu bedeuten hätte.

Ich führte den Wallach vom Hänger fort, machte ein paar kleine, ruhige Zirkel, dann führte ich ihn zurück. Er stieg gleich ein und dann, mit derselben Art von sanfter, aber bedeutungsvoller Bestärkung stieg er zum zweiten Mal aus. Er und ich wiederholten dies mehrere Male, bis er sich ohne das geringste Anzeichen von Mühsal praktisch selbst ver- und entladen konnte. Als ich ihn an seine Besitzerin zurückgab, war es so leicht ihn zu verladen und wieder zu entladen, dass man niemals gedacht hätte, dies wäre je ein Problem gewesen.

Erst später dämmerte mir, dass dies das erste Mal war, von dem ich mich entsinnen kann, diese Art von „Gesamt-Körper“ *innerer Sanftheit* verwendet zu haben, die wir hier besprechen. Bevor dieses bestimmte Pferd sich gegen mich gelehnt hatte, hatte ich so ziemlich getan, was wir alle in ähnlichen Situationen tun würden – was wir alle gelehrt worden waren und worauf wir die meiste Zeit verwendeten uns zu konzentrieren. Und dies ist, zu versuchen, Sanftheit, und als Konsequenz Bewegung, ausschließlich mittels unserer Hände zu entwickeln. Mit anderen Worten, das Pferd dazu zu bewegen, dem

„Fühlen zu folgen", über das wir zuvor gesprochen haben, wobei jenes „Fühlen" mit unseren Händen beginnt und mit ihnen endet.

In dem Versuch ihn rückwärtszubewegen, hatte ich meine Hände am Führstrick verwendet. Als das nicht funktionierte, verwendete ich meine Hände auf seiner Nase, und als das nicht funktionierte, verwendete ich meine Hände auf seiner Brust, und dann verwendete ich meine Hände gleichzeitig am Führstrick und auf seiner Brust. Was immer ich unternommen hatte, um ihm die Richtung vorzugeben, war von meinen Händen, Armen und dem Oberkörper gekommen, während mein Inneres und der Rest meines Körpers unüberlegterweise von der Aufgabe entkoppelt waren. Letztlich hatte ich nur an der Oberfläche gearbeitet, Mechanik und Muskelkraft eingesetzt und versucht, eine Reaktion des „Fühlens" herauszulocken. Und der Wallach hatte anfangs dementsprechend auf eben diese Weise geantwortet.

Indem ich in mir selbst diese *innere*, und letztlich, *Ganz-Körper-Sanftheit* erschloss, bemerkte ich, dass der Wallach nicht nur der Idee, rückwärtszugehen innerhalb kürzerer Zeit, viel weniger Widerstand entgegenbrachte, sondern er auch dem Gedanken viel aufgeschlossener begegnete, mit mir zu arbeiten, um eine Lösung des Problems zu finden. Ich glaube, es handelte sich um die Art von Einssein, die sich mein Aikidolehrer bemühte, seinen Schülern im Dojo zu vermitteln, dieselbe Art von Einssein, welche gewisse wohlbekannte Pferdeleute, und sogar weniger bekannte, wie Walter Pruit (der alte Mann, mit dem ich das Glück hatte, als Junge Zeit zu verbringen) versuchten, den Leuten näherzubringen. Es ist jenes Nicht-Greifbare in uns selbst, welches das Greifbare erst ermöglicht – in allem was wir tun, ob mit Pferden oder in unserem Alltag.

An der Entwicklung dieser Art von innerer Sanftheit zu arbeiten, hat mir seither Tore zu einem Grad der Kommunikation mit Pferden geöffnet, von dem ich noch vor wenigen Jahren nicht sicher gewesen war, dass er existierte. Und, allerdings vielleicht noch bedeutender, hat mir dies ein viel tieferes Bewusstsein in diese Kommunikation eröffnet, das ich für fast noch wichtiger halte als die Kommunikation selbst.

Ich meine damit (und ich spreche hier nur für mich selbst), dass ich immerzu die unglaubliche Feinheit bewundert habe, in der Pferde miteinander kommunizieren. Zum Beispiel weiß ich nicht, wie oft ich in unserer eigenen kleinen Herde hier zuhause Tuff, den Patriarchen, beobachtet habe, wie er das eine oder andere Pferd mit nur einem angedeuteten Seitenblick oder allein dem Zucken eines Ohres in Bewegung setzte.

Neulich hatte ich im Paddock von Tuff und vier anderen unserer Pferde zu tun, darunter meine zwei für Kurse hauptsächlich genutzten Pferde, Rocky und Cooper. Ich war gerade mit meinen Arbeiten fertig geworden und wandte mich ab, um die Pferde zu betrachten, die alle ziemlich eng nebeneinander drüben nahe beim Wassertank standen. Es war ein warmer Nachmittag und sie standen ruhig, hie und da ein Schweifschlagen nach den Fliegen, die um ihre Hinterbeine kreisten. Nichts schien für die Pferde, Tuff eingeschlossen, ungewöhnlich oder beunruhigend zu sein. Doch wie ich da so stand und beobachtete, wandte Cooper, unser stichelhaariger Wallach, der nahe bei der Gruppe, doch knapp außerhalb von ihr stand, ein Auge und ein Ohr Richtung Tuff.

Tuffs Ausdruck und Körperhaltung hatten sich überhaupt nicht verändert. Er hielt den Kopf gesenkt, seine Augen halb geschlossen und sein dichter Schweif wischte rhythmisch von einer Seite zur anderen. Cooper hielt weiterhin ein wachsames Auge auf ihn. Nach etwa dreißig Sekunden trat er zur Seite, während er Tuff weiterhin beobachtete. Rocky, der neben Cooper gestanden hatte, doch zwischen ihm und Tuff, hatte keine Anzeichen für etwas Ungewöhnliches geliefert. Allerdings nur so lange, bis sich Cooper gute zehn

Meter von seinen Herdenkameraden entfernte und dann stehenblieb. An diesem Punkt wandte Rocky sein Auge und Ohr in Richtung Tuff in der gleichen Art und Weise wie Cooper, aber anstatt sich sofort zu entfernen, drehte er sich fragend und blickte zu dem kleinen Falben. Wiederum hatte sich Tuff weder bewegt noch sonst irgendwelche äußerlichen Zeichen von sich gegeben, um Rocky diese Reaktion zu entlocken, oder zumindest keine, die ich sehen konnte. Dennoch stand es außer Frage, dass Rocky etwas von ihm Ausgehendes zu spüren schien.

Rocky drehte sich kurz und blickte zu Cooper, dann zurück zu Tuff. Dann wandte er sich ohne das geringste Zögern ab und ging dorthin, wo Cooper stand. Rocky nahm die gleiche Position neben Cooper ein, die er eingenommen hatte, als sie noch beide mit der Herde gestanden hatten. Dann drehten sich beide Wallache unisono und blickten mit dem exakt gleichen Ausdruck auf ihren Gesichtern zu Tuff. Tuff hatte seine Position oder Haltung immer noch nicht geändert, aber offensichtlich war hier irgendeine Form der Kommunikation im Gange. Rocky und Cooper standen dort für einige Sekunden mit aufgerichteten Ohren und wachsamen Augen. Nachdem jene Sekunden verstrichen waren und als ob sie auf einen Wink reagieren würden, den nur sie sehen konnten, entspannten sich beide Pferde wiederum unisono und streckten ihre Köpfe nach vorne.

Für mich hatten sich drei sehr wichtige Elemente zwischen diesen drei Pferden aufgetan. Zunächst stand es außer Frage, dass Tuff sehr sanft schien, innerlich wie äußerlich. Zweitens schien er auf irgendeine Art und Weise wohlüberlegt mit sowohl Cooper als auch Rocky zu kommunizieren, eine Wechselwirkung so minimalistisch, dass sie nicht aufgespürt werden konnte. Das dritte und möglicherweise wichtigste Element bestand darin, dass Cooper und Rocky imstande waren, was Tuff sagte, zu empfangen, zu verstehen und entsprechend zu reagieren.

Wenn ich also über das Bestehen von tieferem Bewusstsein in die Kommunikation spreche, so spreche ich über die Anwesenheit dieser drei Elemente zwischen den beteiligten Parteien, noch *ehe* die Kommunikation überhaupt begonnen hat: innere und äußere Sanftheit, überlegte und klare Kommunikation und die Fähigkeit der anderen Partei, die gesendete Information zu empfangen und zu verstehen.

Für die meisten Pferde scheint diese Form der Kommunikation selbstverständlich zu sein, einfach zu übermitteln und entgegenzunehmen. Doch für Menschen, oder zumindest die Mehrheit von uns, scheinen einige Mühen erforderlich zu sein, um auch nur zu versuchen, sie zu begreifen, geschweige denn gut genug zu werden, um sie effektvoll zu nutzen. Ich denke, der Hauptgrund, warum es so schwierig für uns sein kann, diese Art von Kommunikation zu verstehen und zu führen, liegt darin, dass sie mit einem ruhigen Geist und innerer und äußerer Sanftheit in zumindest einem der Kommunikationspartner beginnt, und mit dem Erreichen eines gemeinsamen Zieles, dem Erlernen einer neuen Verhaltensweise oder der Umgestaltung einer unerwünschten Verhaltensweise endet. Unser Ringen, unseren Geist zu beruhigen, und unser Mangel an Wissen und Erfahrung im Entwickeln und in der Anwendung innerer Sanftheit, können uns den Weg versperren und tun es auch oft.

Dennoch, mir wurde diese Form der Kommunikation zum ersten Mal mit einem anderen Menschen bewusst, während ich mit einem meiner Aikidolehrer arbeitete, der mich zur Vorführung von Übungen als seinen *Uke* (Trainingspartner) ausgesucht hatte. Er würde seine Hand ausstrecken, ein Zeichen, ich sollte sein Handgelenk umfassen, damit er eine Technik vorführen konnte. Jedes Mal, wenn ich nach seinem Handgelenk fasste, doch gerade noch bevor ich ihn tatsächlich berührte (und ohne zuvor zu wissen, in welche Richtung er mich bewegen wollte, ja sogar, welche Technik wir demonstrieren würden), konnte ich bereits meinen Körper sich in die Richtung bewegen spüren, in die er mich letztlich gehen lassen wollte. Irgendwie hatte er eine Verbindung geschaffen und meine Bewegung beeinflusst, ohne mich zu berühren, was selbstredend die eigentliche Übung praktisch mühelos für uns beide werden ließ.

Dies ist für mich, was wahre Sanftheit ausmacht, wenn man mit Pferden arbeitet: imstande zu sein, durch Sanftheit eine Verbindung mit dem Pferd aufzubauen, durch die Bewegung sowohl für das Pferd als auch den Reiter letztlich mühelos wird. Korrekt angeboten kann darüber hinaus die gleiche Mühelosigkeit sogar dann erreicht werden, wenn eine der Parteien Widerstand leistet!

Auf meiner eigenen Suche habe ich herausgefunden, dass die Entwicklung eines ruhigen Geistes und innerer Sanftheit einen guten Beginn darstellt – einen zuverlässigen Weg, um in Richtung Mühelosigkeit der Bewegung und Kommunikation zwischen Pferd und Mensch zu reisen. Über die Jahre bin ich aber auch zu dem Verständnis gelangt, dass ein paar andere Aspekte in dieser Entwicklung ebenso wichtig, wenn nicht wichtiger sind – Aspekte, über die wir selten bis gar nicht nachdenken, und die uns in vielen Fällen nicht einmal bewusst sind. Doch einmal verstanden, geübt und angewandt, können diese Aspekte, begleitend zu den anderen, über die wir schon gesprochen haben, den entscheidenden Unterschied ausmachen, wie unsere Pferde und sogar unsere Mitmenschen schlussendlich auf uns reagieren. Und, sogar noch wichtiger, wie wir auf sie reagieren.

Um wirklich gut darin zu sein, und ich meine *wirklich* gut darin, muss Sanftheit in allen Aspekten des Lebens praktiziert werden – in allem, was wir tun, zu jeder Zeit, ohne Ausnahme.

Erster Kontakt

Es gibt Dinge, die wir erleben und die in uns aus irgendeinem unerfindlichen Grund für immer haften zu bleiben scheinen. Ein spezieller Geruch, ein bestimmtes Lied, ein besonderes Ereignis oder vielleicht sogar eine Kombination all dessen passt in jene Kategorie. Wie viele Leute habe auch ich Erlebnisse, die mir über die Jahre haften geblieben sind und die, angestoßen durch irgendeinen Querverweis zur Gegenwart, plötzlich an die vorderste Front meines Denkens geworfen werden.

Ein solches Erlebnis liegt etwa fünfzehn Jahre zurück, als ich in Kalifornien eine Reihe von Kursen abhielt. Einige von uns waren am Abend nach dem Ende eines Kurses Essen gegangen und gerade als wir zu Ende gegessen hatten und auf dem Weg zur Tür waren, kam ein großer, schlanker Herr mit ergrauendem Haar und einem kurzen Lächeln herein. Carly, eine der Kursteilnehmerinnen, ging zu ihm, umarmte ihn und gab ihm einen Kuss. Dann nahm sie ihn beim Arm und geleitete ihn zu mir.

„Mark“, sagte sie mit einem Lächeln, „dies ist mein Mann Chris.“

Carly hatte Chris ein oder zweimal im Verlauf des Kurses erwähnt, jedoch nur, um ihn als ihren leidgeprüften „Pferdeehemann“ zu beschreiben, der sich nicht wirklich fürs Reiten interessiere, aber gerne den Stall machte und fütterte, wenn sie auf Reisen war oder es ihr nicht möglich war, rechtzeitig von der Arbeit heimzukommen. Er würde ihre vier Pferde auch hie und da putzen und umsorgen und sich an den Rechnungen beteiligen, die sie beständig produzierten.

„Hallo, Chris“, sagte ich, als ich ihm die Hand bot. „Ich habe eine Menge von Dir gehört.“

„Nicht das Schlechteste, wie ich hoffe!“ scherzte er, als er meine Hand nahm und sie schüttelte.

Ich muss zugeben, dass mich das Gefühl, welches mir jener Händedruck vermittelte, vollends überraschte. Er war von einer Qualität, die ich selten, wenn überhaupt, erlebt hatte. Im Gegensatz zum strammen, gefühllosen und unnachsichtigen Quetschen, das so viele Leute verwenden, war Chris' Händedruck sanft, wenngleich sehr verbunden – sogar machtvoll.

In der Sekunde, als er meine Hand nahm, schwenkte mein Geist augenblicklich auf ein Bild aus meiner Vergangenheit zurück. Nun gut, es als *ein* Bild zu bezeichnen ist nicht ganz richtig. Eine Serie von Bildern blitzte vor meinen Augen auf – wie einer dieser Filmtrailer, in denen versucht wird, so viele flüchtige Schnellschuss-Blicke auf die Handlung des Films wie möglich in der kürzesten Zeit zu zeigen.

Zufällige Traumbilder von Walter, dem alten Mann aus meiner Kindheit, wie er dieses oder jenes Pferd streichelt, einen Führstrick nimmt, einen Kübel absetzt, eine Schaufel aufnimmt, seinen Laster umstellt und mir für gute Arbeit auf die Schulter klopft. Dann, genau so schnell wie die Bilder aufgetaucht waren, verschwanden sie auch wieder.

„Carly erzählte mir, dass sie eine Menge Spaß hatte und viel gelernt hat." sagte Chris mit seinem liebenswürdigen und, wie es schien, stets vorhandenen Lächeln. Wir beendeten sanft unseren Händedruck.

„Sie und Cracker haben ihre Sache sehr gut gemacht", antwortete ich in Bezug auf Carly und ihr Pferd, einem 150 cm Palomino Wallach, der eine besonders ungewöhnliche Farbe, die eines Käsecrackers, aufwies.

Eine der anderen Damen kam herüber, umarmte Chris und begann mit ihm zu reden, während wir uns auf den Weg machten durch die Tür hinaus in die relative Dunkelheit des Parkplatzes. Wir blieben im flackernden Schein einer Straßenlaterne stehen, um uns zu verabschieden und unsere Gespräche zu beenden. Nach einer kurzen Weile gingen wir getrennte Wege. Carly, Chris und ich, sowie die Dame, die Chris im Restaurant umarmt hatte, schlugen dieselbe Richtung ein, als wir uns zu unseren Autos in Bewegung setzten.

„Sag, was macht Chris beruflich?" fragte ich Carly, während Chris und die Dame vor uns her gingen. Ich war neugierig, welche Art von Arbeit dieser Art von Gefühl förderlich sein könnte, die Chris imstande war durch einfaches Händeschütteln zu vermitteln.

„Er ist orthopädischer Chirurg", sie lächelte. „Einer der besten in Los Angeles. Er hat sich auf Schultern spezialisiert."

„Verstehe."

Das machte Sinn. Jemand, der sich darauf verlassen musste, dass seine Hände sowohl feinfühlige als auch komplizierte Arbeiten erledigen konnten, dabei noch kraftvoll genug waren, um durch Knochen zu schneiden und Muskel wie Sehne zu bearbeiten, würde zweifelsohne jene Qualitäten im Griff haben, mit welchen er Hände schüttelte. Falls er seine Arbeit gut machte – was bei Chris der Fall war – war dies etwas, das er nicht nur im Operationssaal verwenden würde, sondern in allem, was er tat.

Das brachte mich zum Nachdenken über meinen eigenen Händedruck und die Menge an Muskel, Druck und Kraft, die ich einsetzte, wenn ich jemandes Hand schüttelte. Wie so vielen anderen (sowohl Männern als auch Frauen) wurde mir in jungen Jahren beigebracht, jemandem ins Auge zu blicken und fest die Hand zu schütteln. Über die Jahre hatte sich jene Vorstellung dann irgendwie dahingehend weiterentwickelt, dass ich dachte, die von mir angewandte „Festigkeit" sollte direkt der Festigkeit oder dem Druck entsprechen, mit dem die andere Person antwortete. Demzufolge würde ich mehr als einmal auf einen übereifrigen oder zu starken Händedruck mit einem ebensolchen reagieren.

Tatsächlich war es ein starker Griff gewesen, den ich angewandt hatte, um Chris die Hand zu schütteln, zumindest anfangs. Als er jedoch mit seiner Hand sanft obgleich verbunden blieb inmitten meines gefühllosen Quetschens, fand ich mich fast instinktiv in einer Veränderung und dem Versuch wieder, dem Gefühl zu entsprechen, das er anwandte. Es war ein Moment, den ich beinahe noch während er sich abspielte, sehr leicht vergessen haben könnte, vielleicht hätte ich ihn gar nicht bemerkt. Wahrscheinlich hätte ich das getan, wären da nicht jene Bilder gewesen, die mein Denken durchfluteten, als wir beide Kontakt herstellten.

Ich vermute, die Frage, die so frustrierend sein kann an der Funktionsweise des Verstands, besteht darin, wie Informationen aufgenommen werden und plötzlich eine ganze Serie von scheinbar damit nicht in Zusammenhang stehender Information auslösen und uns zu Bewusstsein bringen kann. Genau das hatte sich an jenem Abend für mich zugetragen, und ich erinnere mich, als ich in jener Nacht zu meinem Camper zurückfuhr, versucht zu haben, die Beziehung zwischen dem zu verstehen, was ich in Chris' Händedruck gespürt hatte und all jenen Bildern aus der Vergangenheit, die dieser heraufbeschworen hatte.

Natürlich, wenn ich heute mit über fünfzehn Jahren mehr an Erfahrung auf die Situation zurückblicke, scheint die Verbindung offensichtlich. Doch in jener Nacht, als ich versuchte, mir meinen Weg durch den unaufhörlichen Verkehr von Los Angeles zu bahnen und gleichzeitig darauf zu achten, dass ich nicht die Ausfahrt verpasste, die mich schließlich wieder zu meinem Wohnmobil zurückbringen würde, blieb mir die Verbindung zwischen den zweien verborgen.

Einige Jahre später passierte dann noch etwas, das mir die gesamte Situation erneut ins Gedächtnis zurückrief. Ich besuchte einen Freund, der in den Kampfkünsten sehr versiert ist. Er trägt einen schwarzen Gürtel des vierten Ranges in Aikido, außerdem schwarze Gürtel in zwei anderen Disziplinen. Wir waren gerade auf dem Weg zum Mittagessen und fuhren durch die Stadt, als er sich plötzlich erinnerte, etwas im Dojo abholen zu müssen, in dem er trainierte und unterrichtete. Wir machten einen Umweg fort von der Hauptstraße und landeten nach ein paar Minuten beim Dojo.

An jenem Morgen hatten wir etliche Male die Feinheiten einer bestimmten Aikidoübung diskutiert, mit der ich bei meinem eigenen Training zu kämpfen gehabt hatte. Als er das Auto vor dem Dojo parkte, lud er mich ein mit hineinzukommen, um ein paar der Dinge durchzugehen, über die wir gesprochen hatten. Ich nahm bereitwillig an und wenige Minuten später standen wir beide in Straßenkleidung und Strumpfsocken auf der Matte.

„Ok", sagte er. „Ich werde dich festhalten und du machst weiter und führst die Technik aus."

Ich nickte und bot ihm meine Hand an, sodass er mein Armgelenk fassen könnte, was wiederum mein Ausführen der Technik einleiten würde. Jedoch fast noch in dem Moment, als er mich berührte, und bevor ich überhaupt daran denken konnte, ihn in die Technik mitzunehmen, löste er seinen Griff.

„Da liegt dein Problem." sagte er mit einem wissenden Lächeln.

Ich verharrte und blickte auf meinen Arm, der sich immer noch beinahe in der gleichen Position befand, in der ich ihn angeboten hatte. Er sagte nichts, also betrachtete ich meine Stellung in der Überlegung, er habe vielleicht etwas an meiner Art zu stehen gesehen, das mein Problem verursacht haben könnte. Er war still. Ich sah wieder zu ihm auf.

„Was?“ fragte ich.

Er deutete auf meinen Arm. „Dein erster Kontakt.“

„Du nimmst Kontakt mit mir auf.“ sagte ich mit einem Hauch von Protest in meiner Stimme.

„Das ist die Sache, die vielen Schülern Verständnisprobleme macht.“ sagte er geradeheraus. „Tatsächlich nehmen wir Kontakt zueinander auf. Ich mag ihn zwar einleiten, aber sobald wir zusammen kommen, ist die Verbindung unser beider Verantwortung, und da du derjenige bist, der die Technik ausführt, fällt die Mehrheit des *Fühlens* in der Technik dir zu.“

Er wies mich an, sein Handgelenk zu fassen, so wie er es mit mir gemacht hatte. Das tat ich und er führte die Technik aus. Er wandte sehr wenig Kraft auf und ich landete mit ziemlicher Leichtigkeit auf der Matte, in vollem Bewusstsein der Bewegungen, die er ausführte, um mich dorthin zu bringen, ebenso wie der Bewegungen, die ich machen musste, um sicher auf der Matte anzukommen.

Dann bat er mich, wieder auf die Beine zu kommen und sein Handgelenk erneut zu fassen, was ich tat. Dieses Mal, beinahe noch in dem Moment, in dem ich mit ihm Kontakt aufgenommen hatte, legte er ein Gefühl in den von mir festgehaltenen Arm, äußerst ähnlich zum Gefühl im Händedruck von Chris. Schnell fand ich heraus, dass jedes Zuviel an Spannung, das ich in meinem Körper hätte tragen können, gerade völlig zu verdunsten schien. In jenem Sekundenbruchteil dessen, was ich schließlich völlige Sanftheit zwischen uns beiden nennen würde, wurde in mir eine Öffnung geschaffen, die es meinem Freund nicht nur erlaubte, die Übung effektvoll auszuführen, sondern ihm ebenso erlaubte, meinen Körper in der mühelosesten Weise zu lenken. Binnen eines Augenblicks lag ich erneut auf der Matte am Boden. Im Gegensatz zum ersten Mal, als er die Technik ausführte, hatte ich tatsächlich keine Ahnung, wie ich dorthin gekommen war!

„Die meisten Leute glauben, es ist die Qualität der Technik, die deinen Partner wirkungsvoll auf die Matte legt." Er lächelte, als ich wieder auf meine Beine kam. „Dabei ist es in Wirklichkeit die Qualität jenes ersten Kontakts, die das ausmacht."

Als wir da im Dojo standen, ließ mich mein Freund dann meine Augen schließen, während er meine Schulter einige Male berührte. Er erwähnte, dass es durch das Schließen meiner Augen einfacher wäre, den Unterschied in der Reaktion meines Körpers auf die verschiedenen, von ihm gebotenen Berührungen zu spüren. Mit jeder Berührung variierte er die Art und Weise, wie er Kontakt aufnahm um ein ganz klein wenig. Ich war erstaunt, wie dramatisch mein Körper auf die jeweilige Berührung reagierte, obwohl der Druck sich nicht wesentlich zu verändern schien. Mit anderen Worten, wenn wir die Menge des physischen Drucks, den er einsetzte, um mit mir Kontakt aufzunehmen, auf einer Skala von null bis zehn darstellen, mit null für keinen Druck, lagen seine Berührungen durchgehend zwischen einer 0,5 und einer 1,5 auf dieser Skala. Doch jede Berührung hinterließ einen spürbaren Eindruck in der Art und Weise, wie mein Körper reagierte.

Wenn es ihm beliebte, konnte er mich mit einem sehr leichten Kontakt berühren, sagen wir einer 0,5 auf der Skala, und mich ganz einfach dazu bringen, mich gegen ihn verspannen zu wollen. Doch dann konnte er mich mit einer 1,5 berühren und mühelos durch den ganzen Raum bewegen, hätte er dies im Sinn gehabt. Dann würde er umschalten und mich mit einer 0,5 berühren und sofort würde ich jene Mühelosigkeit der Bewegung spüren, während die 1,5 eine Verspannung auslösen würde.

„Es ist die Bereitschaft, mit deinem Partner zu verschmelzen, die das Gefühl hervorbringt, das in jenem ersten Kontakt liegen soll." sagte er, als er wieder und wieder meine Schulter berührte und dabei jedes Mal exakt das Gefühl erzeugte, nach dem er bei mir trachtete.

„Wir glauben, eine Berührung ist eine Berührung ist eine Berührung, und Kontakt ist Kontakt ist Kontakt." Er berührte mich in solcher Weise, dass es sich anfühlte, als ob sein Finger an meiner Schulter ruckartig zum Halt gekommen wäre. Mein Körper spannte sich ein klein wenig dagegen an. „Aber dem ist nicht so." Er berührte mich wieder und es fühlte sich an, als ob sein Finger geradenwegs durch meine Schulter hindurchgefahren wäre. Mein Körper wog sich sanft durch den Kontakt, welchen er hergestellt hatte.

„Technik ist wichtig", sagte er, als ich meine Augen öffnete. „Aber ohne den richtigen ersten Kontakt ist Technik nur Technik. Es ist die Qualität des ersten Kontakts, welche die Magie erzeugt."

Als ob jemand einen gigantischen Suchscheinwerfer angedreht hätte – wie sie ihn bei Filmpremieren und dergleichen verwenden – wurde mir die Verbindung zwischen dem, was ich bei Chris' Händedruck an jenem Abend im Restaurant gefühlt hatte, und warum mich Bilder des alten Mannes überflutet hatten, plötzlich und sehr klar beleuchtet. Es war die Ähnlichkeit gewesen, wie es sich anfühlte, wenn beide Männer ihren ersten, physischen Kontakt herstellten, und der entsprechende Effekt, den der Kontakt auslöste!

Ich könnte nicht einmal beginnen abzuzählen, wie oft ich den alten Mann ein Pferd berühren sah oder eine Schaufel aufnehmen oder nach dem Türgriff seines Lieferwagens greifen oder irgendeine Anzahl scheinbar profaner, alltäglicher Aufgaben ausführen und dabei immer anzuwenden, was die exakt selbe *sanfte* Qualität in seinen Händen zu sein schien. Dies galt ungeachtet dessen, ob das Objekt, welches er berührte, lebend, atmend, ein Tier oder eine Person, oder ein unbelebtes Objekt wie eine Torverriegelung oder der Griff der alten Wasserpumpe war.

Es war interessant für mich zu erkennen, dass wenngleich ich normalerweise auf die Art achtgab, wie ich meine Hände benutzte, oder genauer gesagt, auf das Fühlen *in* meinen Händen, *nachdem* ich mit etwas Kontakt hergestellt hatte, ich mich nicht vieler Gelegenheiten entsinnen konnte, bei denen ich darauf geachtet hätte, wie ich meinen *ersten* Kontakt herstellte. Zugegeben, da gab es die Anlässe, bei denen ich im Umgang mit einem extrem feinfühligen oder sorgenschweren Pferd absichtlich das Tempo praktisch ganz rausnahm, wenn ich einen Zügel oder einen Führstrick aufnahm oder sonstwie Kontakt herstellte. Aber käme die Wahrheit ans Licht, müsste ich eingestehen, dass ich in den meisten anderen Situationen einfach nicht so sorgfältig war, wie ich es hätte sein können, um sicherzustellen, dieselbe ruhige Besonnenheit in meinem Zugang oder Kontakt anzuwenden.

Dies öffnete mir, gelinde gesagt, die Augen und ich erlegte mir die Verpflichtung auf, mich in Achtsamkeit zu üben, was die Art und Weise betraf, wie ich meine Hände benutzte, nicht nur mit Pferden, sondern in allem, was ich tat und allem, das ich berührte. Es begann damit, dass ich lernte, wie man Dinge auflas – einen Zügel, eine Tasse, eine Mistgabel – indem man nur die Muskeln verwendet, die gebraucht wurden, um das Objekt wirkungsvoll zu ergreifen und damit zu hantieren. Schnell war ich erstaunt, wie oft ich mich dabei erwischte, deutlich mehr Muskelkraft als notwendig einzusetzen, um eine einfache Tätigkeit auszuführen.

In meiner Hast, etwas schnell zu erledigen oder etwas rasch zu bewegen, fand ich mich oftmals achtlos nach einem Objekt greifend mit wenig oder gar keinem Gedanken daran, wie ich dies tat. Erst nachdem ich es gepackt hatte und versuchte, mit dem Ding etwas anzustellen, würde ich dann erkennen, welchen Überschuss an Spannung ich eigentlich in meinen Händen, Armen, Schultern und, häufig, in meinem ganzen Körper trug. Ich fand heraus, dass ich die Tätigkeit, die ich ausführte oder die ich drauf und dran war auszuführen, physisch beenden und mir eine Minute Zeit nehmen musste, um die Anspannung in meinem Körper bewusst abzubauen, die schlichtweg durch die Art und Weise entstanden war, wie ich Kontakt mit dem Objekt herstellte.

Ich muss sagen, dass es mich während dieser Zeit sehr frustrierte, erkennen zu müssen, dass diese Art der Spannung, die ich in mir selbst bemerkte, eine Spannung war, die mir bis dahin völlig entgangen war. Nun, mir war sie entgangen. Ich bin mir ziemlich sicher, dass die Pferde, mit denen ich gearbeitet hatte, sich ihrer sehr bewusst waren, und das war für mich Grund genug, einen Weg finden zu wollen, um meine Handlungsweise zu verändern.

Traurig nur, wenn mir jemand früher erzählt hätte, ich würde unnötige Spannung in meinem Körper erzeugen, einfach durch die Art, in der ich mit den Dingen um mich Kontakt aufnahm, ich hätte die Beobachtung vermutlich abgetan. Denn immerhin hatte ich eine große Menge Zeit, eigentlich die meiste Zeit meines Lebens, auf die Suche nach Sanftheit verwendet, und ich war mir ziemlich sicher, dass ich verstand, was sie war, wie man sie erreichen konnte und wie sie anzuwenden war.

So war es einerseits ein wenig entmutigend herauszufinden, dass ich in Wahrheit ein Stück weiter von meinem letztlichen Ziel wahrer Sanftheit entfernt war, als ich mich hatte glauben lassen. Doch auf der anderen Seite war klar, dass sich völlig neue Gefilde von Möglichkeiten geradewegs hinter dieser speziellen Tür eröffnen würden. Keine Frage, ich hatte sie nur einen Spalt breit geöffnet. Um zu sehen, was sich hinter ihr verbarg, würde ich einen Weg finden müssen, um sie ein bisschen weiter aufzuschwingen. Doch zunächst musste ich mich mit der Idee anfreunden, dass ich, wie so viele andere Pferdeleute, in dem Gedanken steckengeblieben war, Sanftheit sei, was passiert, *nachdem* wir Kontakt mit unserem Pferd hergestellt haben.

Das ist natürlich ein Bestandteil, aber mein Freund hatte mir an jenem Tag im Dojo gezeigt, dass Sanftheit lange bevor wir Kontakt herstellen erzeugt wird (oder werden sollte) und dann über den ersten Kontakt in die Verbindung eingebracht wird, welche dann schließlich die Art des völligen Einsseins hervorbringen kann, nach dem wir suchen.

Ich hatte gemerkt, dass meine Bemühungen, achtsam zu sein in der Herstellung des ersten Kontakts mit Dingen, die ich berührte, einen guten Anfang in der Entwicklung von *Erstkontakt-Sanftheit* darstellten, und oft begann ich bei einigen der Pferde, mit denen ich arbeitete, einen Unterschied zu bemerken, wenn ich sie anwandte. Aber im Laufe der Zeit beschlich mich auch das Gefühl, dass immer noch etwas fehlte. Verstehen Sie, als ich mit meinem Freund im Dojo arbeitete, schien die Sanftheit, die er erzeugte, ihm sehr natürlich zuzufließen, als ob es ihm keinerlei Mühe bereitete. Doch ich bemerkte, dass ich mich absolut darauf konzentrieren musste, was ich tat, um dieselbe Art von Sanftheit in mir zu erzeugen. Nicht nur das, auch die Art des Fühlens in meinen Händen, die ich zu entwickeln versuchte, um die gewünschte Erstkontakt-Sanftheit zu erreichen, war bestenfalls flüchtig.

Dann, wie es das Glück wollte, passierte etwas, das alle Teile des Puzzles einfach zusammenzufügen schien. Jener Freund, der mich in das Konzept der Erstkontakt-Sanftheit ursprünglich eingeführt hatte, gab mir eine DVD, die bei einem Aikidoseminar aufgenommen worden war, welches er besucht hatte. Es war ein großes Seminar, auf dem sich etliche führende Aikidofachleute versammelt hatten, um die teilnehmenden Schüler beim Lehren verschiedener Techniken und Philosophien zu unterstützen.

Ich hatte etliche Male begonnen, die DVD anzuschauen, war aber jedes Mal kurzfristig durch etwas gestört worden, das meine sofortige Aufmerksamkeit zu benötigen schien. Infolgedessen waren mehr als eineinhalb Jahre vergangen, bevor ich schließlich eine Gelegenheit fand, sie komplett anzusehen.

Nun gab es da mit Sicherheit eine ganze Menge an Information auf dieser DVD, aber es waren nicht die physischen Vorführungen, die mir halfen, das Puzzlesteinchen zu entdecken, das mir zu fehlen schien. Vielmehr war es etwas, das einer der Lehrer sagte, unmittelbar bevor er seinen Unterricht begann. Als der Abschnitt der DVD begann, welcher der Vorführung von Sensei Frank Duran gewidmet war, verbeugte er sich vor seiner Klasse und sagte ganz einfach: „Lasst uns heute Güte üben."

Beinahe sofort halfen mir jene fünf Worte, etwas als innerlich zu verstehen, das ich bis dahin nur als eine äußere Aktion wahrgenommen hatte. Erstmals konnte ich sehen, dass unser Bestreben, Kontakt so sanft wie möglich durch den mechanischen Akt des Greifens und Berührens herzustellen, sicherlich einen wichtigen Aspekt dessen bildet, worüber wir hier reden. Doch in der Art von Erstkontakt-Sanftheit, die mir mein Freund gezeigt hatte, geht es nicht nur darum, wie wir etwas oder jemanden äußerlich berühren. Es geht um die Art von Absicht, die wir einbringen.

Ich konnte nachvollziehen, wie ich, in meinem Streben, eine sanfte Berührung oder ein sanftes „Fühlen" bei der Herstellung von Kontakt zu etwas (im Besonderen meinen Pferden) zu entwickeln, mein Augenmerk darauf gelegt hatte, wie sich der Kontakt äußerlich anfühlte. Im Speziellen die Geschwindigkeit, mit der ich Kontakt aufnahm; die Menge an Druck, die ich während und nach der Berührung ausübte, und der Grad an Spannung in meiner Hand, dem Handgelenk und dem Arm, während ich dies tat. Was ich nicht beachtet hatte, war die *Absicht*, die ich von vornherein damit verbunden hatte.

An diesem Punkt begann ich zu verstehen, dass Erstkontakt-Sanftheit nicht wirklich so sehr mit physischem oder äußerlichem Kontakt zu tun hatte. Viel mehr kam es auf das innere Fühlen an, mit dem der Kontakt eingeleitet wurde. Und welches innere Fühlen könnte sich besser eignen, um äußeren Kontakt einzuleiten, als Freundlichkeit? Wie simpel dieser eine, kleine Aspekt auch klingen mag, für mich war er ein bedeutender Wendepunkt, nicht nur in meiner Reiterei, sondern auch in meinem Leben.

Bereits am Tag, nachdem ich die DVD angeschaut hatte, begann ich die Worte anzuwenden, die Duran Sensei so wortgewandt formuliert hatte, als er seine Klasse ansprach: „Lasst uns heute Güte üben." Die Reaktion der Pferde, mit denen ich zusammentraf, war unmittelbar und tiefgreifend, die Reaktionen meiner eigenen Pferde eingeschlossen. Als ich an jenem Morgen hinausging, um Rocky und Mic zu fangen, die beiden Pferde, mit denen ich reiste, trug ich in mir den Gedanken, Güte nicht nur in die Art und Weise zu legen, in der ich Kontakt herstellte, sondern in alles, das ich im Vorfeld jenes Kontakts anstellte.

Ich nahm ihre Halfter mit dem Gedanken an Güte im Kopf; ich ging über den Hof mit demselben Fühlen in mir. Als ich das Tor zur Weide öffnete, auf der sie sich befanden, versuchte ich dies so gütig wie möglich zu tun. Als ich mich in ihre Richtung aufmachte, schienen beide Pferde Notiz davon zu nehmen.

Nun sollte ich darauf hinweisen, dass meine Pferde nie wirklich schwierig einzufangen waren und tatsächlich empfangen sie mich meistens am Tor, wenn ich sie holen komme, sogar wenn wir auf Reisen sind. Halb erwartete ich und nahm es sogar gewissermaßen als gegeben an, dass sie aus freien Stücken stillstehen würden, während ich mich ihnen näherte und sie einfing.

Was ich nicht erwartete, war der feine Unterschied in ihrer beider Gesichtsausdruck, als ich näherkam, einer von sanfter Akzeptanz, und dass beide Pferde, als ich den Nasenriemen ihrer Halfter vor sie hielt, in Vorbereitung sie achtsam über ihre Köpfe gleiten zu lassen, sehr ruhig doch eindeutig absichtsvoll ihre Nasen für mich im Halfter platzierten.

Hätte mich jemand am Tag davor meine Pferde holen sehen und mich dann beobachtet, wie ich sie an jenem Tag fing, er hätte vielleicht nicht viel Unterschied bemerkt. Tatsächlich bin ich nicht sicher, ob ich äußerlich einen nennenswerten Unterschied bemerkt hätte, wenn ich nicht darauf geachtet hätte.

Was ich bemerkte, war, wie sich meine Pferde anzufühlen schienen, nicht nur wenn es darum ging, eingefangen und aufgehalftert zu werden, sondern ganz grundsätzlich, wie sie reagierten, wenn ich mich nach ihnen ausstreckte, um sie zu berühren. Es ist schwer zu beschreiben außer als eine gelassene Verfügbarkeit in ihnen, die ein wenig tiefer zu reichen schien als irgendetwas, das ich von dem einen wie dem anderen in der Vergangenheit erfahren hatte. Jenes Fühlen begleitete uns, als wir den Paddock verließen und zum Anhänger gingen, wo ich sie beide putzte und sattelte. Schließlich führte ich sie zum Reitplatz, auf dem die Arbeit auf uns wartete.

Wir waren mitten in einem Dreitageskurs im Mittleren Westen und zwei Pferde (und Reiter) kämpften mit dem Konzept, sanft zu sein, wenn über die Zügel Kontakt mit dem Gebiss hergestellt wurde. Am vorherigen Tag hatten wir mit jeder Pferd-Reiter-Kombination an ein paar Dingen gearbeitet, von denen ich glaubte sie würden helfen; obwohl sich ein Fortschritt einstellte, war dieser nicht so groß, wie ich es mir gewünscht hatte. An diesem Tag jedoch, als die Pferde und Reiter hereinkamen, nahm die Idee, Güte zu üben, den vordersten Platz in meinen Gedanken ein.

Als ich mit der ersten Reiterin sprach, deren Pferd nicht gerade mächtig viel sanfter war, als es sich am Vortag präsentiert hatte, kam ich näher und fragte sie, ob es in Ordnung wäre, wenn ich die Zügel einmal aufnähme. Die Reiterin saß im Sattel und stimmte bereitwillig zu.

Links vom Pferd stehend, reichte ich mit meiner rechten Hand über seinen Hals und nahm (während ich weiterhin das Üben von Güte zuvorderst in meinem Kopf behielt) sanft den jenseitigen Zügel in meine Hand. Ich machte dasselbe mit meiner linken Hand mit dem diesseitigen Zügel. Als ich langsam behutsamen Kontakt auf beiden Zügeln aufbaute, konnte ich beinahe augenblicklich fühlen, wie das Maul des Pferdes sanft zu werden begann. Ich hielt die Zügel zwischen meinen Fingern fast gar nicht fest, war aber nicht nur erstaunt, wie bereitwillig das Pferd versuchte nachzugeben, sondern auch, wie viel ich *von* ihm fühlen konnte, während er das tat.

Die Verbindung zwischen uns beiden war binnen Sekunden so klar, ich konnte buchstäblich den gesamten Pferdekörper balanciert in meinen Händen fühlen.

„Was macht er denn?“ sagte die Frau, einen Anflug von Überraschung in ihrer Stimme.

„Er macht sich sanft.“ sagte ich, als ich das Fühlen zwischen uns beiden verwendete, um sein Gewicht ein ganz kleines Stück weit nach hinten zu verlagern.

„Nein, was macht er mit seinem Körper?“ Sie sah auf ihr Pferd hinunter. „Es fühlt sich an, als würde er seinen Rücken heben! Er hat noch nie seinen Rücken gehoben!“

Das Pferd hatte nicht nur sein Maul, den höchsten Punkt seines Genicks und den Hals sanft gemacht, sondern jene selbe Sanftheit war sehr rasch durch seinen Körper bis zu dem Punkt gereist, an dem er sein Zentrum aktivieren konnte, was ihm erlaubte, seinen Rücken zu heben und außerdem seine Hinterhand zu aktivieren. Es fühlte sich an, als ständen wir drei in Balance auf einer sehr feinen, gedachten Linie, ähnlich dem Gefühl, das ich als Kind hatte, wenn ich übte, in der Mitte einer Wippe zu stehen.

Damals versuchte ich, das Brett in perfekte Balance zu bringen, mit beiden Enden auf gleicher Höhe über dem Boden. Sogar zu dieser Zeit hatte ich schon gelernt, dass das derartige Ausbalancieren der Wippe eine Übung darstellte, die nur solange gut funktionierte, wie mein Körper völlig sanft und geschmeidig blieb, was es ihm dann erlaubte, die Bewegung des Bretts zu akzeptieren anstatt dagegen anzukämpfen.

Jene Art von Verfügbarkeit erlaubte es mir, ein Teil der Bewegung zu werden, was mir wiederum erlaubte die Bewegung zu steuern. Darüber hinaus hatte ich die Übung immer als Spaß betrachtet, sie war immer mit Freude verbunden, anstatt sie als stressig zu betrachten und als etwas, worüber man sich Sorgen machen müsste, es richtig zu machen. Selbstverständlich hätten Stress und Sorge Spannung in meinem Körper erzeugt, was die Übung sehr viel schwieriger gemacht hätte.

Das Gleiche geschah mit jenem Pferd. Der Wille zur Güte, der automatisch ein Element innerer wie äußerer Sanftheit mit sich brachte, war über den ersten Kontakt mit den Zügeln und in das Pferd hinein übertragen worden und schuf eine Verfügbarkeit, die diese Art der Balance zuließ, welche wir drei erlebten. Als wir dort standen, wurde sehr deutlich, dass das Pferd nur auf einen Hinweis wartete, was als Nächstes zu tun wäre. Noch bevor sich dieses Gefühl verflüchtigte, dachte ich, er könnte einen Schritt rückwärtssetzen… und das tat er.

Während ich mit ihm über die Zügel Kontakt hielt, fragte ich nach einem weiteren Schritt rückwärts und er tat mir den Gefallen. Bald begann er, sich so geschmeidig rückwärtszubewegen, dass es sich anfühlte als würde er schweben, mit fast keinem Kontakt über die Zügel meinerseits.

„Wie haben Sie das gemacht?“ fragte die Frau. „Das ist die längste Strecke, die er *je* rückwärtsgegangen ist, seit er mir gehört!“

Um ihre Frage zu beantworten, bat ich sie, die Zügel aufzunehmen, während ich deren andere Seite hielt, zwischen ihr und dem Pferdemund, und führte ihr das Fühlen vor, das ich verwendete, um mit ihrem Pferd zu kommunizieren.

„Mein Gott." Der Ausdruck auf ihrem Gesicht spiegelte Verwirrung. „Da ist fast nichts! Wie kann er das spüren?"

„Pferde sind ganz schön feinsinnige Tiere", antwortete ich. „Ich nehme an, er könnte noch viel weniger spüren als das, wenn wir ihn nur ließen."

Und dann, als sie die Zügel aufnahm, fühlte ich das, wovon ich sicher bin, dass es die Mehrheit der Pferde fühlt, wenn ihre Reiter die Zügel aufnehmen. Obwohl es unübersehbar war, dass sie versuchte, so sanft wie möglich zu agieren, war die Spannung im Fühlen greifbar. Als ich versuchte, sie ein wenig sanfter zu machen, nahm sie das kleine „Fühlen" an, indem sie an den Zügeln zog.

Und da begann ich die Macht des ersten Kontakts in Sanftheit zu verstehen. Indem man den ersten Kontakt mit so viel Sanftheit wie möglich aufnimmt, wird es viel leichter, zu regulieren, was nachher kommt. Wenn jedoch der erste Kontakt durch Spannung hergestellt wird, sei diese äußerlich, innerlich, oder beides, wird es viel schwieriger, Anpassungen vorzunehmen, um Sanftheit zu entwickeln, und sei es auch nur, weil das Pferd (und bis zu einem gewissen Grad der Reiter) bereits in der Defensive ist.

Wenn der erste Kontakt bei der Kontaktaufnahme im Dojo härter ausfällt als es nötig ist, um die Bewegung zu beeinflussen, wird der zu bewegende Partner gezwungen, seinen oder ihren Körper steif zu machen, um sich gegen die Spannung zu verteidigen, welche gegen ihn oder sie aufgebracht wird. Interessant ist hier, dass ich trotz einer seit geraumer Zeit gehegten, begrifflichen Vorstellung diese Dinge in der Praxis mit Pferd und Reiter nie wirklich derart klar gespürt hatte wie an jenem Tag. Es war einer jener Momente, wie sie glaube ich jedem irgendwann in seinem Leben widerfahren: wir wissen, wir haben einen Wendepunkt erreicht, und ist die Wendung einmal vollzogen, gibt es kein Zurück.

Einige Jahre sind seit dem Tag im Dojo mit meinem Freund und seit dem Tag mit jenem Pferd und der Reiterin während des Kurses vergangen. Jeden Tag habe ich mich bewusst bemüht, im Auge zu behalten, dass Sanftheit nicht erst beginnt, nachdem wir Kontakt hergestellt haben, sondern davor. Sie vollzieht sich in der Absicht, die wir in uns tragen und in unseren Alltag mitnehmen und erhält ihren Feinschliff durch die Art und Weise, in der wir jene Absicht in allem, was wir tun, umsetzen.

Ich denke zurück, wie der alte Mann meiner Kindheit seinen ersten Kontakt mit den Pferden, Leuten, und sogar unbelebten Objekten aufnahm, die ihn umgaben. In der Rückschau, egal ob seine Handlungen beabsichtigt waren oder nicht, verstehe ich sie definitiv als Übungen in Sanftheit, und damit in Reitkunst. Heute, viele Jahre später, bemühe auch ich mich, Bedacht darauf zu legen, wie ich zu den Dingen um mich Kontakt herstelle. Dadurch habe ich verstanden – vielleicht verstanden – was der alte Mann ohne Zweifel schon wusste.

Wirkliche Reitkunst entwickelt sich in der achtsamen Ausführung von allem, was wir tun – nicht nur von allem, was wir mit unseren Pferden tun.

Reibung

Drei Wochen waren vergangen, seit wir in das neue, mit vier Schlaf- und zwei Badezimmern ausgestattete Haus gezogen waren. Es war der Sommer vor meinem achten Schuljahr und obwohl der Umzug für mich bittersüß gewesen war, begann ich die Vorzüge des scheinbar monströsen Wohnsitzes zu erkennen.

Unsere achtköpfige Familie hatte zuvor in einem 80-Quadratmeter-Haus mit nur zwei kleinen Schlafzimmern und einem winzigen Badezimmer gelebt. Wir Jungs teilten uns zu viert ein Schlafzimmer, unsere Eltern hatten das andere, und meine zwei Schwestern schliefen auf der Ausziehcouch im Wohnzimmer. Das kleine Haus als vollgestopft zu bezeichnen war eine Untertreibung, obwohl es mir, nachdem ich aufgewachsen war, ohne es anders zu kennen, tatsächlich als in Ordnung erschienen war. In Wahrheit nahm ich einfach an, alle Familien lebten in ähnlichen Verhältnissen, in ähnlich großen Häusern, weil alle Familien in unserem Block wie wir untergebracht waren. Die meisten der Familien in unserer Nachbarschaft waren mindestens so groß wie unsere, einige waren sogar größer. Nachdem alle Häuser in der Gegend in den frühen 1950er Jahren gebaut worden waren, sahen sie alle gleich aus, mit ähnlichen Raumaufteilungen und ähnlichen Platzbeschränkungen.

Monatelang vor dem Umzug hatte ich mir Sorgen darüber gemacht, das einzige Zuhause und die einzige Nachbarschaft zu verlassen, die ich kannte, den Ort, an dem ich seit meiner Geburt gelebt hatte und die Freunde, die ich hatte, solange ich mich zurückerinnern konnte. Auch fühlte ich mich unwohl, den alten Mann und alle seine Pferde zu verlassen; viele Nächte lag ich wach und versuchte einen Weg zu finden, die Distanz von fünfundzwanzig Kilometern zwischen unserem neuen Haus in der Nachbarstadt zurück zu seinem kleinen Pferdehof zurückzulegen. Die etwa zwei Kilometer von dem Haus, in dem ich aufgewachsen war, bis zu seiner Ranch mit dem Fahrrad zu fahren war für mich nie ein Problem gewesen. Aber fünfundzwanzig Kilometer in einer Richtung, teilweise auf der Überlandstraße, waren eine ganz andere Geschichte. Hin und zurück wären es somit fünfzig Kilometer gewesen, und so naiv wie ich damals war, wusste ich doch, dass dies vermutlich außerhalb meiner und der Reichweite meines kleinen Stingray Fahrrads war. Allein dies war schon Grund genug, dass ich wirklich nicht umziehen wollte.

Doch wir sind umgezogen. Nach drei Tagen des Auspackens, bei dem alle acht von uns anpackten, hatten wir nicht nur alles aus den Kisten geräumt, sondern jene Habseligkeiten auch sorgsam ausgepackt und dann mit ebensolcher Sorgfalt auf Plätze im neuen Haus verteilt, auf denen viele von ihnen schlussendlich fast dreißig Jahre lang unberührt stehen bleiben würden.

Sobald das Auspacken erledigt war, stand Hinausgehen und Die-Nachbarschaft-Erkunden auf dem Programm. Rasch erkannte ich die Umgebung als ausreichend freundlich an, und ich schloss sogar recht schnell neue Freundschaften. Allerdings bemerkte ich an diesem neuen Ort auch etwas ein wenig Befremdliches. Wohin in der Nachbarschaft bzw. in der Stadt ich auch ging, hörte ich einen allgegenwärtigen, obwohl oft auch sporadisch auftretenden, lauten Peng- und Bummton.

Manchmal tönte ein ausgeprägtes Stakkato: Bumm, Bumm, Bumm … Peng, Peng, Peng, Peng. Ein andermal eher in der Einzahl: Bumm. Ungeachtet des Rhythmus ging das, wie ich bald herausfand, vierundzwanzig Stunden am Tag so, sieben Tage die Woche, 365 Tage im Jahr.

War schon der Lärm selbst ein wenig beunruhigend, war doch die Tatsache sogar noch beunruhigender, dass niemand, mit dem ich in Kontakt geriet – Erwachsener, Jugendlicher oder Kind – zu bemerken oder gar zuzugeben schien, dass der Lärm existierte. Eine Zeitlang fühlte ich mich ein wenig, als wäre ich mitten in eine Reality-Episode von *Twilight Zone* gezogen, eine, in der ich die einzige Person auf der Welt war, die diesen sehr lauten und sehr markanten Lärm hören konnte!

Wochen vergingen, ehe ich schließlich den Mut aufbrachte, mit einem meiner neugewonnenen Freunde, Joey Ramm, über den Lärm zu sprechen. Meine Frage kam, als wir gerade durch den kleinen Park gegenüber seinem Haus gingen, direkt nach einem besonders lauten Bumm, gefolgt von einer ebenso lauten Serie von Pengs, eines unmittelbar nach dem anderen.

„Was ist das für ein Lärm?“

„Welcher Lärm“ fragte er, mit einem Ausdruck von Verblüffung auf seinem Gesicht.

Peng, Peng, Peng, Peng.

„DIESER Lärm!“ sagte ich ungläubig.

Er hielt für eine Minute inne und lauschte. Er runzelte seine Stirn, als ob er versuchte zu hören, wovon ich sprach, es ihm aber nicht gelang.

Bumm, Bumm, Bumm… Peng, Peng, Peng.

„Kannst Du das nicht hören?" Ich deutete in die Richtung, aus der ich den Lärm zu vernehmen dachte. Joey blickte in die Richtung.

Peng, Peng, Peng.

Er blickte fragend auf mich zurück. „Das Rangieren?" sagte er, als ob ich wissen hätte sollen, was er meinte.

„Rangieren?"

„Jepp." Er zuckte mit den Achseln. „Das Rangieren."

Ich gab ihm eine Minute, um zu erklären, aber es kam keine Erklärung. „Welches Rangieren?" fragte ich schließlich.

„Die Züge", sagte er geradeheraus. „Drüben auf den Lagerplätzen. Ich glaub' ich hör' die nicht mal mehr."

„Was rangieren sie denn?"

„Waggons", sagte er nüchtern. „Wir haben eine große Gleisanlage östlich der Stadt. Manchmal haben Züge, die irgendwohin fahren, Waggons, die irgendwoandershin fahren. Also hängen sie diese Waggons auf der Anlage ab, dann holt sie eine Rangierlok und stellt sie auf ein Nebengleis. Wenn dann alle Waggons, die an denselben Ort fahren, beieinander sind, fährt der Zug, der sie mitnimmt, dann rückwärts heran, holt sie ab und fort sind sie."

Peng, Peng, Peng, Peng.

„Das ist nur das Geräusch vom Waggon-Ankuppeln", sagte er. „Möchtest Du's anschauen? Es ist nicht weit."

„Klar." sagte ich, interessiert, mit eigenen Augen zu sehen, worin der Grund für die vielen Sorgen der vergangenen Wochen lag. Ohne ein weiteres Wort drehte sich Joey in Richtung Lärm und spazierte los. Ich ging mit ihm.

Es war ein ganz neues Stadtviertel, in das unsere Familie gerade gezogen war, und das Viertel, in welchem sich Joeys Haus befand, war auch ziemlich neu, doch sobald wir den Park Richtung Osten verließen, kamen wir in ein augenscheinlich älteres Viertel. Die Häuser dort waren hoch und schmal, viele von ihnen heruntergekommen, und sie schienen alle jeweils nur im Abstand von einem oder zwei Metern voneinander gebaut worden zu sein. Einige der Häuser hatten anderthalb Meter hohe Maschendrahtzäune um den kleinen Grasbereich vor dem Haus, und viele ließen Hunde verschiedener Größen im Inneren der Zäune frei herumlaufen, von denen alle zum Zaun liefen und grimmig bellten, als wir vorbeigingen.

Joey marschierte unbeeindruckt an ihnen vorbei, als wären sie gar nicht vorhanden. Als wir unseren Weg durch ein altes Stadtviertel nach dem anderen schlängelnd fortsetzten, erzählte mir Joey die Geschichte der kleinen Stadt. Sie war ein Bahnknotenpunkt gewesen, länger als sich jemand noch zurückerinnern konnte. Nicht für Personenzüge, sondern für Güterzüge. Nachdem die kleine Stadt auf halbem Weg zwischen dem Nord- und dem Südteil des Staates lag, bot sie Spediteuren einen perfekten Ort, um ihre Güter abzuladen, damit sie in die jeweilige Richtung weitertransportiert werden konnten. Während viele Züge einfach durchfuhren, blieben viele andere lang genug stehen, um Waggons abzukuppeln, welche später von einem anderen Zug abgeholt und zu ihrem Endziel im Süden oder im Norden gebracht würden.

Nachdem wir das letzte der alten Stadtviertel verlassen hatten, gingen wir in einen kleinen Gemischtwarenladen an der Ecke mit einem Hartholzdielenboden und einem alten Herren in weißem Hemd, Krawatte und der Schürze eines Lebensmittelhändlers, der hinter dem Tresen saß. Eine kleine Glocke über der Tür läutete, als wir hindurchgingen und der Händler lächelte uns zu, als wir eintraten. Joey und ich kauften je fünf Stück Bazooka Joe Kaugummi und dann setzten wir unseren Weg fort. Wir spazierten vorbei an der Iron Horse Taverne, dann dem Side Track Inn, beides eher schäbige, alte Bars, die abgestandenen Whiskydunst und Zigarettenrauch abgaben, obwohl ihre Vordertüren zu dem Zeitpunkt geschlossen waren. Und dann, kurz nach den Bars, kamen wir auf ein kleines, grasbewachsenes Feld und dahinter ging es einen steilen Wall hinauf, der zu den Gleisanlagen führte.

Gleich unterhalb des Walls lag eine mit stehendem Wasser gefüllte Grube, eingerahmt von Bierflaschen und Müll. Joey nannte dieses Areal „Dampfloch“ und sagte, dass in früheren Zeiten hier die alten Dampfloks das Wasser ihrer Kessel entleert hätten, bevor sie für Reparaturarbeiten hereinkamen. Seit jener Zeit war der Ort aber zu kaum mehr geworden als einer Fläche, auf der sich Regenwasser sammelte, und außerdem zusätzlich zu einem Treffpunkt, an dem Mittelschüler rumhingen und Bier tranken. Als wir vorbeigingen, war mein erster Gedanke, dass es ziemlich schwierig gewesen wäre, einen noch unattraktiveren Platz für derlei Aktivitäten zu finden.

Hinter dem Dampfloch erklommen wir die Steigung, welche zu den Gleisanlagen führte. Währenddessen konnte ich nicht wissen, dass das, was ich gleich sehen würde, in den kommenden Jahren letztendlich einen positiven Einfluss auf meine Reiterei ausüben würde.

Nicht mehr als etwa fünfzehn Meter vom höchsten Punkt des Anstiegs entfernt befanden sich drei separate Nebengeleise, jedes besetzt mit Waggons. Beinahe zeitgleich, als wir den Gipfel der Anhöhe erreicht hatten, glitt eine Rangierlok (eine Lokomotive, die zum Abkoppeln von Waggons und Neuzusammensetzen von Zügen verwendet wird, deutlich kleiner als eine „Überlandlokomotive“) langsam auf eines der Nebengleise und bumste in einen der dort wartenden Waggons. Es gab ein sehr lautes Bumm, als die Kupplung anzog; es ließ buchstäblich den Boden erbeben. Der Waggon, der auf dem Gleis gestanden hatte, wurde zurückgeschoben, als die Rangierlok auf ihn prallte. Nach dem Kuppeln fuhr die Maschine in die Gegenrichtung und riss den Waggon mit einem sehr lauten Peng vorwärts.

Die Rangierlok fuhr ein Stück das Gleis hinunter, vorbei an einer Weiche, an der ein Mann einen Hebel am Boden umlegte, der es der kreuzenden Spur erlaubte hinüberzugleiten. Als die Spur gelegt war, änderte die Lok abermals die Richtung, was ein weiteres lautes Peng erzeugte, als sich der angehängte Waggon in Bewegung setzte. Das Paar rollte entlang der Wagenreihe zurück und auf ein anderes Nebengleis, auf welchem sie mit der dortigen Gruppe von Waggons zusammenstießen. Bumm, Peng, Peng, Peng, Peng. Der Krach war ohrenbetäubend, als die Wagen ineinanderkrachten.

Nachdem die Waggons verkuppelt waren, zog die Rangierlok wieder einmal vorwärts, die Kette Waggons mit sich führend. Peng, Peng, Peng und Peng sprangen die Waggons alle in Formation. Die kleine Lokomotive führte die ganze Kette von Waggons dann herunter vom Nebengleis und rollte sie das Hauptgleis hinab um eine Ecke und außer Sicht.

Joey und ich blieben noch ein wenig, dann folgten wir unseren Schritten zurück in unser eigenes Viertel. Ich muss sagen, ich fühlte mich viel besser nach unserem Besuch bei den Gleisanlagen, nachdem das Geheimnis der merkwürdigen Töne nun gelöst war und überhaupt. Tatsächlich dauerte es nicht lange, bis das ganze Gepenge und Gebummse des Rangierbahnhofes einfach aus meiner Wahrnehmung zu verschwinden schien. Wenn jemand, der auf Besuch gekommen war, mich fragte „Was ist dieser Lärm?“ hörte ich mich nun ebenso antworten: „Welcher Lärm?“

Sicher werden viele Leute diese kleine Geschichte einfach lesen und sich dann wundern, was zum Kuckuck auch nur irgendetwas davon mit dem Konzept von Sanftheit zu tun hat, oder, was das betrifft, auch nur entfernt mit Pferden zu tun haben könnte. Die Antwort ist einfach. An diesem Tag war dort ein Prinzip an der Arbeit, welches viele Pferdeleute unwissentlich in der Arbeit mit ihren Pferden regelmäßig anwenden, oft zu ihrem Nachteil: „statische Reibung“.

Im Grunde besteht die Idee hinter statischer Reibung darin, dass wenn wir abrupt gegen etwas Ruhendes drücken oder an ihm ziehen, jenes ruhende Objekt steckenbleiben oder schwerer erscheinen wird, als es in Wirklichkeit ist. Wenn allerdings während des ersten Kontakts zwischen dem sich bewegenden und dem ruhenden Objekt genügend Kraft und/oder Masse zum Einsatz kommt, wird sich das ruhende Objekt lösen, für gewöhnlich jedoch begleitet von irgendeinem Riesentumult.

Im Falle der von Joey und mir beobachteten Waggons stieß die Rangierlok mit einem ruhenden Waggon zusammen. Der Zusammenstoß wiederum brachte den Waggon dazu, vorübergehend auf dem Gleis festzustecken. Doch weil so viel Kraft, Energie und Masse hinter der Maschine steckte, blieb dem Wagen keine Wahl, als sich loszulösen und zu bewegen. Anstelle einer geschmeidigen und reibungslosen Bewegung taumelte der Waggon jedoch gewaltsam in die Richtung, in die die Maschine drückte (oder zog), im Gegenzug ein donnerartiges Geräusch erzeugend, welches in jeder Richtung über Kilometer zu hören war.

Nun, dieses Prinzip taucht recht häufig in der Reiterei auf. Weil nur wenige von uns es kennen oder verstehen, wiederholen wir die gleichen „abrupten“ Verhaltensweisen mit unseren Pferden letztendlich wieder und wieder und erhalten weiterhin die gleichen unbefriedigenden Resultate. Beispielsweise ist es nicht ungewöhnlich, einen Reiter, dessen Pferd scheut oder unerwartet zur Seite springt, dabei zu beobachten, wie er brüsk an einem Zügel reißt, um das Pferd unter Kontrolle zu bringen oder ihm die Richtung vorzugeben.

Beinahe immer, wenn der Reiter diese Form von Kraft und Energie einsetzt, bleibt dem Pferd kein anderer Ausweg, als seinen Kiefer zu verkanten und sein Genick steif zu machen. Ein Pferd tut dies teilweise aus Selbstverteidigung und teilweise, weil die Abruptheit der Bewegung automatisch dieselbe Art von statischer Reibung im Körper des Pferdes erzeugt, wie sie von der Rangierlok bewirkt wurde, als sie in jene Eisenbahnwaggons krachte. Mit anderen Worten, die Physik diktiert, dass der Körper des Pferdes auf die Abruptheit des Kontakts zunächst mit Steckenbleiben reagiert. Erst danach (und wenn wir annehmen, von vornherein sei genügend Kraft während des Kontakts angewendet worden) wird der Pferdekörper tatsächlich losbrechen können und sich in die vom Reiter geforderte Richtung bewegen. Aber selbst dann bewegt sich das Pferd selten aus freien Stücken oder sanft.

Die Auswirkungen statischer Reibung kann man auch sehen, wenn ein Reiter seine Beine abrupt an den Flanken einsetzt, also das Pferd tritt oder mit Sporen bearbeitet. Der Körper des Pferdes wird im Moment des Aufpralls zusammenzucken, möglicherweise wird es mit Kopf oder Schweif schlagen, oder eine Kombination von allen dreien, bevor es tatsächlich beginnt, sich zu bewegen. Dasselbe kann beobachtet werden, wenn ein Pferd reagiert, sobald am Führstrick des Halfters gerissen oder dieser von einem Führer geschüttelt wird. In jedem dieser Fälle wird das Pferd beinahe immer „steckenbleiben", bevor die erwünschte Bewegung durchkommt; und sogar dann ist die Bewegung, die effektiv durchkommt, fast immer unbeholfen und stockend.

Im Gegensatz dazu gibt es ein anderes, weit förderlicheres Prinzip, das in der Reiterei verwendet werden kann und fast den genau gegenteiligen Effekt auf das Pferd ausübt, wenn es korrekt verwendet wird: „dynamische Reibung". Während statische Reibung sich vorwiegend auf Kraft, Masse und Energie verlässt, um ein Objekt zuerst stocken zu lassen, bevor man es bewegt, beruht dynamische Reibung darauf, zuerst zarte Bewegung ins Leben zu rufen und dann Energie zuzuführen, um auf jener Bewegung aufzubauen.

Das Beispiel, welches ich immer verwende, wenn ich diese Idee Reitern erkläre, ist Folgendes: Sagen wir, unser Auto hatte eine Panne und ein Freund kommt vorbei und bietet an, mit seinem Auto das Liegengebliebene nach Hause zu schieben. An diesem Punkt haben wir zwei Möglichkeiten. Unser Freund kann zurückstoßen, sein Fahrzeug auf fünfzig oder sechzig Stundenkilometer bringen und dann ins Heck des stehenden Autos krachen und somit Bewegung herstellen. Oder er kann sein Auto vorsichtig an das Heck des Stehenden heranfahren, ganz achtsam gegen die Stoßstange drücken und dann beginnen, das defekte Auto langsam vorwärtszuschieben.

Im ersten Beispiel (statische Reibung) würde sich das defekte Fahrzeug zweifelsohne bewegen, jedoch nicht ohne zuerst beim Anprall steckenzubleiben und von daher eine ganze Menge Schaden an beiden Fahrzeugen zu verursachen. Im zweiten Beispiel (dynamische Reibung) wird Bewegung mit Leichtigkeit hervorgebracht und dann mit wenig oder gar keinem Schaden an den beiden Fahrzeugen weiter aufgebaut.

Dies ist die Idee hinter dynamischer Reibung: Erzeuge eine zarte Bewegung an einem stehenden Objekt *vor* dem Versuch, größere Bewegung zu entwickeln. Die Anwendung dieser Idee in der Reiterei besteht im Herstellen des Kontakts mit dem Pferd, gefolgt von der Entwicklung zarter Bewegung, um einen Richtungsfluss hervorzubringen, und zuletzt dem Hinzufügen des richtigen Maßes an Geschwindigkeit in jenen Fluss, um die gewünschte Aufgabe zu erfüllen.

Ich bringe diese zwei Reibung beinhaltenden Prinzipien ins Gespräch und beziehe sie auf Reiterei, denn wenn wir über die Entwicklung von Sanftheit sprechen, ist es wichtig zu wissen, wie die Mechanik dessen, was wir tun, die Reaktion auf unsere Hilfengebung beeinflussen kann. Sehen Sie, vor einigen Jahren, als ich zum ersten Mal unterwegs war, um Kurse abzuhalten, war ich konsterniert über die Abruptheit, mit welcher einige Reiter ihre Zügel verwendeten. Manchmal geschah dies aufgrund der Tatsache, dass ein paar Reiter einfach nur versuchten, das richtige Timing ihrer Hilfengebung zu finden und sich dabei mehr als nötig beeilten. Doch ich sah auch eine große Zahl von Reitern, die den Kontakt mit ihrem Pferd über die

Zügel aufgegeben hatten und demzufolge mit einem großen Maß an Spiel zwischen ihren Händen und dem Maul des Pferdes ritten.

An und für sich ist das Reiten mit einer Menge Spiel in den Zügeln keine schlechte Sache, insbesondere wenn das Pferd in seinem Training weit genug ist, um imstande zu sein, sanft auf eine Anweisung der Hand des Reiters zu reagieren. Jedoch war dies leider für gewöhnlich nicht, was ich sah. Viele der Reiter, mit denen ich damals arbeitete, hatten ihre Zügel effektiv weggeworfen, weil man ihnen entweder beigebracht hatte, dass dies die Art und Weise wäre, wie sie reiten sollten, oder weil ihnen ein Lehrer, Trainer oder Kursleiter erklärt hatte, dass ihre Hände nicht geübt genug wären, um fähig zu sein, mit einem kürzeren Zügel zu reiten.

Im Laufe der Zeit, weil der Reiter Zügelkontakt mit dem Pferd vermieden und in einigen Fällen aufgegeben hatte, entwickelten weder das Pferd noch der Reiter die nötigen Fähigkeiten, Kontakt entweder zu verwenden oder darauf zu reagieren. Stattdessen kam es zu Reitern auf Pferden, die es nicht verstanden anzuhalten, zu wenden, rückwärtszugehen und in einigen Fällen sogar eine gerade Linie zu gehen und Pferden mit Reitern auf ihren Rücken, die es nicht wirklich verstanden, diese Dinge überhaupt einmal anzufragen.

Als Resultat musste jedes Mal, wenn einer dieser Reiter seinem Pferd eine Anweisung geben wollte, wie etwa eine einfache Wendung, der Reiter zuerst all diesen langen, durchhängenden Zügel auflesen, was in einigen Fällen buchstäblich einen Meter Spiel ausmachte, bevor er überhaupt erst Kontakt mit dem Gebiss herstellen konnte! Das Problem war, dass zu dem Zeitpunkt, wenn der Reiter schlussendlich in Kontakt mit dem Gebiss kam, sich für gewöhnlich bereits so viel Schwung aufgebaut hatte, dass er letztlich mit erheblicher Kraft auf das Gebiss knallte, was das Pferd seinen Kiefer verkeilen und das Genick steif machen ließ. Dies wiederum führte zu dem Eindruck, das Pferd wäre hart im Maul, ignorant oder einfach nur widersetzlich.

In Wahrheit waren es Physik und Selbstschutz, welche de facto die Reaktion des Pferdes vorschrieben.

In den meisten Fällen hatten die Leute keine Ahnung, dass sie selbst die Ursache des Problems waren, das sie mit ihrem Pferd hatten. Eine solche Reiterin war eine Frau in England, mit der wir arbeiteten. Sie ritt einen großen braunen Wallach, der nervös schien, sogar noch bevor sie ihn auf den Reitplatz brachte. Als sie vergeblich versuchte, einen Kreis um mich herum zu reiten, erklärte sie, sie hätte Schwierigkeiten, ihr Pferd dazu zu bringen, eine gerade Linie zu gehen und stehenzubleiben, und als ich sie fragte, wie gut er rückwärtsgehe, antwortete sie: „Er macht das überhaupt nicht."

Sie fuhr fort, den formlosen Kreis zu reiten, während sie gleichzeitig erklärte, sie hätte einiges an Zeit aufgewendet, an der Entwicklung von „Leichtigkeit" in ihren Händen zu arbeiten. Sie war sehr stolz als Resultat zu berichten, dass sie imstande wäre, fast überhaupt keinen Druck über die Zügel zu verwenden. Natürlich war sie in völliger Unkenntnis der Tatsache, dass sich ihr Pferd mit dem Fehlen einer Richtungsweisung wirklich schwer tat und daher nicht viel mehr machte als nervös in ungefähr jene Richtung zu wandern, in welche sie ihn scheinbar gehen lassen wollte.

Etwa zu diesem Zeitpunkt wandte sich ihr Pferd vom Kreis, auf dem sie ihn zu halten versuchte, ab und ging sehr zielstrebig hinüber zum Tor. Währenddessen versuchte die Frau, das Spiel im linken Zügel loszuwerden, in einem Versuch, ihr Pferd zurück in die Mitte des Reitplatzes zu wenden, wo ich stand. Es brauchte ein paar Sekunden, bis sie überhaupt Kontakt herstellte, und zu diesem Zeitpunkt hatte sie bereits eine beachtliche Menge an Kraft in ihre Anstrengung hineingepackt. Natürlich machte sich das Pferd steif und blieb auf seinem Weg Richtung Tor, was sie im Gegenzug veranlasste, sogar noch mehr Druck auf das Gebiss auszuüben, was das Pferd im Gegenzug veranlasste, sich noch steifer zu machen.

Binnen kürzester Zeit stand das Pferd am Tor und hatte seinen Kopf darüber hinausgestreckt. Seine Reiterin, den Zügel in der Hand und den Arm weit über ihrem Kopf ausgestreckt in einem Versuch, das Spiel des Zügels zu verhindern und den Kontakt mit ihm zu halten, versuchte mir zu erklären, wie er es gerade „darauf anlegte".

Ich ging hinüber, nahm vorsichtig den Zügel, den die Frau hielt, und wendete sie und das Pferd weg vom Tor und führte sie ein Stück des Weges zurück zur Mitte des Reitplatzes. Als ich sie losließ, wandte sich das Pferd beinahe sofort zurück Richtung Tor. Die Frau, im Versuch, erneut das Spiel aus dem Zügel zu bekommen, streckte sehr rasch ihren Arm bis über ihren Kopf und riss dem Pferd dabei im Maul. Das Pferd machte sich steif und ging weiter seinen Weg.

Ich ging ihnen nach, fing das Pferd und wendete es und führte sie beide den ganzen Weg zurück bis in die Mitte des Reitplatzes. Dort ließ ich sie anhalten, damit ich mit der Reiterin sprechen konnte.

„Vor einer Minute" begann ich, „hast du erwähnt, dass du nicht viel Druck über die Zügel machen musst, um dein Pferd reagieren zu lassen."

„Das stimmt" nickte sie.

„Doch du hast da eben eine ziemliche Menge gemacht, und er hat nicht reagiert."

„Ich hab' wirklich nicht sehr viel verwendet." Sie lächelte.

„Auf einer Skala von null bis zehn mit null für keinen Druck und zehn für deutlich mehr als du verwenden möchtest" fragte ich, als ich den Wallach leicht am Kopf streichelte, „wie viel, würdest du sagen, hattest du gerade eben am Zügel?"

„Nicht sehr viel" wiederholte sie.

„Auf einer Skala von null bis zehn?"

Sie zögerte ein, zwei Sekunden, ihre Augen in Gedanken versunken nach oben richtend. „Eine fünf, oder vielleicht sechs?" Sie formulierte es eher als Frage denn als eine Aussage.

„Dem würde ich zustimmen." Ich nickte. „Also haben wir eine fünf oder eine sechs auf der Druckskala verwendet und er hat nicht reagiert?"

„Ja, ich nehme an das stimmt."

„Und wie viel Druck würdest du gerne verwenden, auf dieser Skala?"

„So wenig wie möglich." antwortete sie, „eine eins oder zwei."

„Nun, dann," lächelte ich, „sehen wir mal, ob wir ihm beibringen können, wie man auf Dauer auf eine eins oder zwei reagiert."

Ich erklärte ihr, dass das Reiten eben dieses Pferdes mit so viel Spiel in den Zügeln ein paar Probleme für sie beide mit sich brächte. Das erste bestand darin, dass sie nicht viel Kontrolle darüber zu haben schien, was ihr Pferd tat, ersichtlich durch die Tatsache, dass er weder auf dem Kreis blieb, auf den sie ihn geführt hatte, noch eine gerade Linie gehen konnte, wenn sie ihn dazu aufforderte, noch auf Anweisung stehen bleiben konnte. Das zweite bestand darin, dass wenn sie ihm dann doch etwas unter Verwendung der Zügel sagen musste, sie zuerst so viel Spiel aus ihnen rauszunehmen hatte, dass wenn sie dann tatsächlich Kontakt herstellte, zu viel Zeit vergangen war. Es war nicht nur ihr Timing daneben, sie konnte auch nicht anders als ihn aufgrund des Impulses in ihrem Arm mit dem Gebiss im Maul zu treffen, was ihn im Gegenzug sich verspannen ließ und sie veranlasste zu ziehen.

Um dabei zu helfen, die Sache zwischen den beiden ein wenig aufzulockern, nahm ich mir ein wenig Zeit, um die Zügel einzustellen und den Großteil des Spiels zu entfernen. Dann arbeiteten wir mit ihren Händen; ich zeigte ihr, wie sie Druck über die Zügel ausüben konnte ohne zu ziehen. Schließlich zeigte ich ihr, wie sie die Bewegung ihrer Hände gestalten könnte, ohne unbeabsichtigt in ihrem Pferd ein Blockieren des Kiefers und Versteifen des Genicks auszulösen.

Binnen einiger weniger Minuten, nachdem wir diese Veränderungen vorgenommen hatten, konnten sie und ihr Pferd nicht nur eine gerade Linie beschreiten, sondern auch einen hübschen, runden Kreis reiten. Nicht lange danach begannen sich ihre Haltparaden zu verbessern und die beiden fingen sogar durchaus ansehnlich mit Rückwärtsrichten an, dabei verwendete die Reiterin nahezu exakt jenes Maß an Druck, welches sie von Anfang an hatte verwenden wollen.

Nun liegt der Grund, warum ich gerade dieses Pferd und diese Reiterin erwähne, darin, dass sie sehr klar die Art der Veränderung illustrieren, welche unser Wechsel von statischer Reibung zu dynamischer Reibung mit sich bringen kann. Ihr Wallach wollte nicht so agieren, wie er es tat, aber er hatte keine Wahl. In ihrem Versuch, „leichte" Hände zu haben, war sie in ihrer Kommunikation eigentlich unwirksam geworden. Und als sie dann *wirklich* mit ihm kommunizieren musste – als er sich Richtung Tor aufmachte, zum Beispiel – kam sie nicht umhin, deutlich mehr Druck zu verwenden als nötig. Durch die derart abrupte Herstellung des Kontakts brachte sie ihn dazu „steckenzubleiben", was sie wiederum dazu brachte, am Gebiss zu ziehen und ihn, dem Ziehen durch Druck entgegenzuhalten.

Ich vergleiche diese Abruptheit oft mit einem Gebrauch unserer Arme und Hände, als ob sie durch Kolben angetrieben würden. Wie die meisten Leute wissen, ist die Bewegung eines Kolbens ziemlich brüsk. Er *flutscht* schnell in die eine Richtung und dann *flutscht* er schnell in die andere. Noch einmal, es ist diese Abruptheit der Bewegung, welche meist die statische Reibung erzeugt, die unsere Pferde häufig steckenbleiben und/oder widersätzlich werden lässt.

Im Gegensatz dazu ist die Bewegung in unseren Händen und Armen weich und fließend, wenn wir versuchen, dynamische Reibung entstehen zu lassen, als ob sie hydraulisch angetrieben würden. Es ist diese Flüssigkeit der Bewegung, die es uns erlaubt, einen sanften, ersten Kontakt herzustellen, was sodann beinahe immer die Entstehung von willentlicher Bewegung in die von uns gewünschte Richtung erlaubt, ohne eine Verspannung des Pferdes.

Wenngleich das Verständnis, wie einfach es ist, schlicht durch die Art unserer Zügelverwendung entweder statische oder dynamische Reibung in unserem Pferd zu erzeugen, eine sehr gute Sache ist, existiert eine weitere, sogar noch dienlichere Form der Reibung. Wir können sie durch eine Art der Zügelverwendung erzeugen, der wir meist wenig bis gar keine Beachtung schenken. Diese dritte Idee ist bekannt als kinetische Reibung und ihr Gebrauch kann häufig gefährlich erscheinende Situationen entschärfen, ohne dass jemand verletzt wird und ohne die Situation schlimmer zu machen als sie bereits ist.

Das Prinzip hinter kinetischer Reibung ist einfach. Grundsätzlich kann eine sich bewegende Masse zum Anhalten gebracht werden, indem man eine Art von Widerstand oder eine entgegengesetzte Kraft auf sie einwirken lässt. Kinetische Reibung verhindert, dass Gletscher unendlich weiterfließen. Sie ist es, die einen Fußball davon abhält, ins nächste Land weiterzurollen, nachdem er einmal getreten wurde, und sie ist es, die ein panisches Pferd dabei unterstützen kann, den Kampf mit jemandem zu beenden, der das andere Ende des Führstricks hält.

Vor vielen Jahren wurde mir dieses Prinzip per Zufall sehr deutlich, als ich einem Freund half, seine Pferde vom Winterquartier zurück zu seiner Ranch zu bringen. Nachdem wir viele der Pferde von der 1000-Hektar-Weide geholt und in einen nebenan gelegenen Pferch verfrachtet hatten, achtete er darauf, welche Pferde wir eingefangen hatten und entschied welche von den etwa fünfundsiebzig, die wir versammelt hatten, er zur Ranch bringen würde.

Nachdem er acht ausgesucht hatte, halfterten er und ich sie auf und führten sie zum Anhänger. Wir banden sie an eine Anbindestange in der Nähe und er bat mich, mit dem Verladen derer zu beginnen, welche wir schon hatten, während er zurückging und noch zwei holte. Ich stimmte zu und während er zum Pferch lief, begann ich die Pferde jeweils zu zweit von der Anbindestange zu nehmen und sie in das erste Abteil des Zehnerhängers einzuladen. Sobald wir drinnen waren, band ich das eine Pferd an der rechten Seite an, sodass es nach rechts schaute und das andere Pferd auf der linken Seite, nach links blickend. Die Pferde standen dann im Grunde aneinandergereiht.

Ich hatte die ersten vier ohne Probleme eingeladen und brachte das fünfte und sechste Pferd von der Anbindestange zum Anhänger. Das eine war ein 1,50 m brauner Wallach, das andere eine sehr hübsch aussehende Falbstute, die nicht größer gewesen sein konnte als 1,40 m, mit großen, runden Augen, einem anmutigen Gesicht mit edlen Zügen und langer, schwarzer Mähne und Schweif. Ich band den Wallach an der rechten Seite des Hängers an; dann, sowie ich die Stute ausreichend nahe an die andere Seite des Hängers führte, um sie anzubinden, fuhr sie plötzlich ungestüm zurück.

Panisch strauchelte sie rückwärts, doch weil ich den Führstrick in meiner Armbeuge hatte hängen lassen, als ich sie hineinbrachte, spürte sie keine Spannung im Strick, als sie nach hinten zog. Ich war nicht schnell genug, um den Strick wirklich zu fassen, als er während ihres Abgangs durch meine Armbeuge pfiff, also versuchte ich stattdessen, mich mit ihr zu bewegen, als sie nach hinten schob. Sie landete mit allen Vieren am Boden außerhalb des Hängers und stand dann einfach da, schüttelte ihren Kopf, als ob die ganze Sache eine ziemliche Überraschung für sie wäre.

Ich ließ ihr eine kurze Verschnaufpause, dann nahm ich behutsam den Führstrick und brachte sie ins Innere des Hängers zurück. Wiederum, gerade als ich drauf und dran war sie anzubinden, stob sie zurück. Diesmal war ich auf sie vorbereitet und nachdem ich gesehen hatte, wie ernst es ihr mit dem Aussteigen war, wusste ich mir

Besseres, als meine Hand ans Seil zu klammern. Hätte ich das getan, hätte sie schlichtweg etwas gehabt, um dagegenzuziehen, was sie nur davon stärker gemacht, und mir ohne Zweifel eine Seilbrandwunde allererster Güte eingebracht hätte. Indem also meine Hand das Seil locker hielt, bewegte ich mich wiederum mit ihr mit, als sie sich aus dem Hänger entfernte.

Merkwürdigerweise schien ihr die ganze Sache dieses zweite Mal weit weniger Sorge zu bereiten und tatsächlich verwendete sie nur in etwa die halbe Energie verglichen mit ihrem ersten Ausbruch. Nachdem sie draußen war, ließ ich sie für einige Minuten zur Ruhe kommen, dann brachte ich sie zurück in den Anhänger. Weitere zwei Male floh sie aus dem Hänger, wobei sie die aufgewendete Energie jeweils halbierte, bis ich schließlich imstande war, sie hineinzuführen und zum ruhigen Stehen zu bringen. Sobald klar war, dass es für sie in Ordnung war, neben dem Wallach zu stehen, band ich sie los und schloss die Abtrennung zum Abteil, in welchem sie sich befand. Gerade hatte ich die beiden verbliebenen Pferde verladen, als mein Freund des Weges kam. Mit sich führte er die letzten beiden aus dem Sammelpferch

„Wo ist Lady?“ fragte er, ein wenig perplex.

„Welche ist Lady?“

„Die kleine Falbstute, die da drüben angebunden war.“ Er deutete auf die Stelle am Anbindepfosten, an der die kleine Stute mit den Verladeproblemen gestanden hatte.

„Sie ist in der Mitte, neben dem Fuchswallach.“ sagte ich und zeigte in Richtung der Stelle innerhalb des Anhängers, an welcher sie sich befand.

Er begab sich an die Seite des Hängers und blickte hinein auf die ruhig stehende Stute.

„Wie hast du sie den ganzen Weg da hineingebracht?“ Er schien ein wenig verwundert.

„Hab' sie einfach ein paar Mal reingeführt", sagte ich achselzuckend.

„Hat sie Ärger gemacht?"

„Nicht wirklich." antwortete ich. „Sie ist ein paar Mal wieder rückwärts raus, aber abgesehen davon war sie nicht mühsam. Warum?"

„Ich habe vergessen dich vor ihr zu warnen. Sie reißt dir deinen Arm aus, wenn du nicht aufpasst, wenn sie rückwärtsschiebt, sobald du mit dem Verladen anfängst. Wir haben es aufgegeben, sie so weit hinein zu verladen. Normalerweise stellen wir sie ganz am Ende hin und binden sie nicht an." Er blickte nochmals zu ihr. „Wie hast du sie nochmal da reingekriegt?"

Natürlich wusste ich es zu diesem Zeitpunkt nicht wirklich, doch tatsächlich hatte ich kinetische Reibung zwischen der Stute und mir erzeugt. Ich hatte also gerade für ausreichend Reibung am Strick gesorgt, um die Stute einen kleinen Widerstand spüren zu lassen, doch nicht so viel Kraft verwendet, als dass sie es für nötig gehalten hätte, mehr zu kämpfen als sie es ohnehin schon tat. Vermutlich fühlte sie etwas Ähnliches wie den natürlichen Widerstand gegen ihre eigene Bewegung.

Hier ist noch eine andere Betrachtungsweise: Wenn wir einen Fußball treten und er über den Boden rollt, wird die einfache Reibung der Oberfläche des Balls gegen die Oberfläche des Rasens gemeinsam mit dem Widerstand der Erdatmosphäre ihn schließlich zum Anhalten bringen. All jene Kräfte werden einfach ganz natürlich den Ball in der Bewegung bremsen.

Mit einem sich bewegenden Pferd (oder eigentlich auch irgendetwas anderem) verhält es sich genauso. Sogar wenn ein Pferd in Panik gerät, sind all jene Kräfte weiterhin am Werk, und egal wie beängstigend die Situation auch sein mag, schlussendlich wird das Pferd gezwungen sein, sich nicht mehr zu bewegen. Was ihnen in solchen

Situationen hilft: Wenn wir einen Weg finden können, nur ein klein wenig jene Kräfte zu unterstützen, entweder durch die Führung des Stricks oder des Zügels, jedoch ohne in statische Reibung zu verfallen, können wir normalerweise dem Pferd helfen, ein wenig schneller nachzugeben. Aber wenn wir jene Energie unterstützen, die das Pferd bereits aufwendet, um dagegen anzukämpfen (oder, im konkreten Fall, ich versucht hätte, von der Stute zu verlangen, im Hänger zu bleiben, indem ich den Strick fixierte), wird es sicher viel länger dauern, bis sich das Pferd beruhigt und bis zum Halt verlangsamt.

Wie ich eingangs erwähnte, denken wir selten an diese drei Prinzipien – statische Reibung, dynamische Reibung und kinetische Reibung – wenn wir mit unseren Pferden arbeiten. Im Training kategorisieren wir die Dinge üblicherweise nach dem Verhalten des Pferdes und ob das gezeigte Verhalten demjenigen, das wir suchen, entspricht oder nicht entspricht. Ist das Verhalten nicht das erwünschte und sind wir gewissenhaft in unserer Arbeit, versuchen wir üblicherweise, den Grund des Problems zu finden. Doch sogar dann sehen wir nicht oft uns selbst als möglichen Ursprung der Probleme.

Mit anderen Worten, wenn sich unser Pferd auf das Gebiss legt (als Beispiel), nehmen wir häufig an, es sei ein spanniges Pferd oder hart im Maul und wir arbeiten von dort ausgehend rückwärts. Was bedeutet, dass wir Dinge unternehmen, um die Verspannung zu mildern, *nachdem* sie sich bereits eingestellt hat. Selten verwenden wir einen Gedanken daran, dass in Wirklichkeit das Tempo und die Abruptheit, mit der wir die Zügel annehmen, der Grund der Verspannung sein könnten. Ebenso schenken wir dem Versuch nicht viel Beachtung, die Art und Weise zu verändern, mit der wir ersten Kontakt herstellen, um Sanftheit zu erzeugen und/oder Bewegung, sodass das Pferd von vornherein nicht das Gefühl hat, sich verspannen oder verteidigen zu müssen.

Wenn wir uns außerdem die Zeit nehmen, die Wirkung dieser drei unterschiedlichen Prinzipien im gesamten Umgang mit unseren Pferden zu verstehen, dann können wir möglicherweise sehen, dass uns ein sehr breites Spektrum an Möglichkeiten offensteht, nicht nur Lösungen zu finden, sondern auch potenzielle Ursachen aufzudecken.

Und schließlich, je breiter unser Wissensspektrum wird, desto einfacher wird es für uns, effektive Wege der Kommunikation zu finden. Je besser unsere Kommunikation, desto mehr Pfade zur Entwicklung wahrer Sanftheit werden wir erkennen – in uns selbst und unseren Pferden.

Am Grat wandern

Es gibt ein paar Vorteile, wenn man so viel Zeit im Auto verbringt wie ich. Einer davon ist, dass die Aussicht aus meinem Bürofenster – der Windschutzscheibe meines Trucks – sich so etwa jeden Kilometer ändert. Das können vermutlich nur wenige Leute außer Fernfahrer, Tourmusiker und Reitkursleiter behaupten.

Dass sich mir die Gelegenheit bietet, eine ganze Menge an klugen Sprüchen auf Autoaufklebern zu lesen, ist ein weiterer großer Vorteil. Nicht nur sind einige dieser Aufkleber lustig zu lesen, sie können auch lehrreich sein. Einige meiner Favoriten: *Es gibt drei Arten von Leuten: die, die zählen können und die, die es nicht können.* Und: *Glaub nicht alles was du denkst.*

Ich sah diesen am Heck eines Sattelschleppers mit langer Schnauze auf einer Raststätte in der Nähe von Macon, Georgia: *Beladen wie ein Güterwaggon und* fährt *wie ein Formel-1-Bolide.* Und einer aus meiner Ewig-Besten-Liste: *Wenn du auf dem Grat wanderst, verbrauchst du immer noch zu viel Platz.*

Eben jenen letzten sah ich vergangenen März am Heck eines alten Land Cruiser, wie er in den Eisenhower Tunnel hier in Colorado einfuhr, als ich für eine Kursreihe nach Kalifornien unterwegs war. Das Fahrzeug war voller junger Männer und Snowboards, augenscheinlich auf dem Weg in eines der vielen Skigebiete in den Bergen. Ich konnte mir jene Burschen gut vorstellen, bereits Jahre an Erfahrung in ihren jungen Knochen, wie sie gekonnt hinabkurvten als sei es ein Kinderspiel. Ich nehme an, es ist jene Art von Vertrauen in ihre Erfahrung, die es ihnen erlaubt, *Wenn du auf dem Grat wanderst, verbrauchst du immer noch zu viel Platz* zu proklamieren.

Auch auf die Gefahr hin, dass ich ausgerechnet einen Autoaufkleber über die Maßen analysiere, finde ich die Schlussfolgerungen aus diesem speziellen Spruch ziemlich interessant. Damit meine ich, um „auf dem Grat" zu wandern, müssen Leute schon ziemlich beschlagen sein, sonst wären sie in ihrem Fach nicht so weit gekommen, auf dem Grat zu bestehen und weiterhin fachgerecht zu agieren. Also impliziert die Behauptung, dass ein Leben als Gratwanderung „immer noch zu viel Platz" verbraucht, dass die Person, die jene Aussage trifft, in ihrem Wissen und ihren Fertigkeiten tatsächlich noch sehr viel weiter sein muss als jemand, der „auf dem Grat" wandert.

Was hat das mit Reiterei oder Sanftheit oder sonst irgendetwas eigentlich zu tun, könnten Sie sich fragen. Nun schlug mich vor einiger Zeit ein Japanischer Ausdruck, und zwar *kami-shitoe*, in seinen Bann. Der Ausdruck wird verwendet, um den Raum zwischen Leben und Tod zu bezeichnen. Oft wird seine Bedeutung mit Hilfe eines sehr dünnen Blattes Papier dargestellt. Auf der einen Seite des Papiers steht das Symbol für Leben und auf der anderen Seite das Symbol für Tod. Der Raum zwischen den beiden Symbolen – die Dicke des Papiers – zeigt, wie gering der Abstand zwischen ihnen ist. Mit anderen Worten wandern wir stets auf einem schmalen Grat zwischen Leben und Tod und sind uns dessen oft nicht einmal bewusst.

Doch der Aspekt, der mich an diesem Konzept wirklich fasziniert, besteht darin, dass *kami-shitoe* in allem steckt, was wir tun. Geht es im konkreten Fall um Reiterei, kann *kami-shitoe* den Unterschied bedeuten, ob einem etwas gelingt oder völlig danebengeht. Es kann den Unterschied ausmachen, auf dem Rücken des Pferdes zu bleiben oder herunterzufallen, es kann der Unterschied zwischen Verstehen und Missverstehen sein und es kann den Unterschied bedeuten, das zu fühlen, was das Pferd anbietet, oder gar nichts zu fühlen.

Ich nehme an, dass mir diese Gratwanderung zum ersten Mal als Kind bewusst wurde, als ich versuchte, in der Mitte dieser Wippe zu balancieren. Jeder, der schon einmal versucht hat, in der Mitte einer Wippe zu stehen, weiß, dass sobald sie sich in Balance befindet, es nur sehr wenig bedarf, um sie dort zu halten. Andererseits, je mehr sich der Balken von der Balance entfernt, desto höher wird der Aufwand, sowohl ihn wieder zurück in Balance zu bringen, als auch, ihn dort zu halten.

Jahre später, nachdem ich eine für Pferde angefertigte Wippenbrücke gesehen hatte, begann ich, mit exakt jenem Konzept zu spielen, mit meinen Pferden die Wippe zu balancieren. Eine Wippenbrücke besteht im Grunde aus einer Holzplattform von etwa einem bis einem Meter fünfzig Breite und bis zu ca. vier Meter Länge. Unter der Plattform, in etwa gleich weit von jedem Ende entfernt, befindet sich ein kleiner Stamm, so lang wie die Brücke breit ist. Der Stamm dient als Dreh- und Auflagepunkt für die Planken. Der Grundgedanke hinter der Wippenbrücke besteht darin, dass, genauso wie eine Wippe, die Plattform kippt, wenn du dein Pferd von einem Ende zum anderen Ende über sie bewegst.

Bedenken Sie, dass ich als Pferdemann über eine sehr lange Zeit hinweg ziemlich isoliert gewesen war, bevor ich gebeten wurde, Kurse zu geben. Die meiste Zeit meines Erwachsenenlebens hatte ich auf verschiedenen Hochlandfarmen gearbeitet und war nicht sonderlich vertraut mit den Vorgängen in der Pferdetrainingswelt „da draußen". Daher entdeckte ich die Wippenbrücke erst, nachdem ich begonnen hatte, durch das Land zu reisen und Kurse zu geben. Ich muss zugeben, dass ich den Sinn der Anwendung in der Praxis nicht wirklich erkennen konnte, als ich eine dieser Brücken zum ersten Mal sah. Denn letzten Endes, begegnete ich einer wackeligen Brücke irgendwo im Nirgendwo, so würde ich sehr wahrscheinlich um sie herumgehen statt sie zu überqueren. Demnach fiel es mir anfangs ein wenig schwer, einen Grund zu finden, warum ich meinem Pferd beibringen sollte, darüber hinwegzumarschieren.

Doch im Laufe der Zeit begann ich zu erkennen, dass es vielleicht doch keine so üble Sache wäre, ein Pferd zu lehren, etwas Ungewöhnliches zu machen, so wie das Überqueren einer solchen Brücke. Das Pferd könnte dadurch daran gewöhnt werden, unebenes Gelände sowie unerwartete Bewegung zu meistern, die Sache könnte sich auch als große vertrauensbildende Maßnahme herausstellen. Bald begann ich, meinen Pferden den Gebrauch dieser Art von Brücke zu zeigen, wo immer sich die Möglichkeit auf einer der Anlagen bot, die wir besuchten.

Schnell fand ich heraus, dass die Pferde, mit denen ich reiste und die ich als meine Kurspferde verwendete – Pferde, die ich für gewöhnlich aufgezogen, angeritten und trainiert hatte – völlig unbeeindruckt von diesen Hindernissen zu sein schienen. Nach ein ganz klein wenig Zuspruch betrachtete jedes von ihnen die Brücke interessiert, stampfte ein paar Mal in ihre Richtung mit dem Vorderbein und stieg dann auf sie hinauf, als ob es das sein ganzes Leben lang getan hätte. Die Pferde dazu zu bringen, über die ganze Wippbrücke zu gehen, war danach relativ leicht und normalerweise unproblematisch.

Dann, eines Tages, ergab es sich, dass ich mein Pferd Smokey ritt, während ich einen Reiter durch den Kurs führte.In der Ecke des Reitplatzes stand eine dieser Brücken. Nachdem die Übungseinheit des

Reiters beendet war und wir uns anschickten, zum Mittagessen aufzubrechen, schlichen Smokey und ich uns hinüber zur Brücke und überquerten sie ein- oder zweimal.

Smokey war ein extrem, beinahe übertrieben, wissbegieriges Pferd, und so waren Aufgaben wie das Überqueren einer sich bewegenden Brücke genau sein Ding. Nachdem wir das zweite Mal über die Brücke gegangen waren, bat ich ihn, die Brücke nur mit seinen Vorderbeinen zu betreten, was er tat. Dann bat ich ihn um eine Vorhandwendung aus dieser Position, sodass sich sein Rumpf nun neben der Brücke befand, während seine Vorderbeine immer noch auf der Brücke waren. Dann, rein zum Spaß, bat ich ihn, sich nach links zu bewegen, auf dass wir schließlich die gesamte Länge der Brücke mit seinen Hinterbeinen am Boden und seinen Vorderbeinen auf ihr zurücklegen könnten.

Bereitwillig bewegte er sich seitwärts und als wir uns der Mitte der Brücke näherten, dem Punkt, an dem sie kippen würde, begann er sich zu verlangsamen. Er hatte das Tempo derart rausgenommen, dass er sich kaum mehr bewegte, als wir den Scheitelpunkt überschritten. Obwohl er das Ding nur zweimal überquert hatte, wusste er, die Brücke würde kippen, und es schien, als wolle er sich nicht selbst dadurch überraschen, dass sie es täte. Interessanterweise platzierte er seinen linken Vorderfuß, als dieser die Mitte der Brücke überquerte, in einer solchen Art und Weise, dass die Brücke begann, sich jeweils für kurze Zeit auszubalancieren, mit beiden Enden in etwa gleich weit vom Boden entfernt.

An dieser Stelle hielten wir für eine Sekunde inne, bevor Smokey sein Gewicht noch ein wenig mehr nach links verlagerte. Langsam kippte die Brücke in jene Richtung, sodass das Ende der Brücke sanft am Boden aufsetzte, bevor wir unseren Weg fortsetzten. Als wir jenes Ende der Brücke umrundeten, befanden sich Smokeys Vorderbeine weiterhin auf der Brücke und seine Hinterbeine weiterhin am Boden.

Sobald wir auf der anderen Seite angekommen waren, machten wir uns auf den Rückweg.

Als wir uns der Brückenmitte näherten, wurde Smokey langsamer. Wiederum zögerte er, den Scheitelpunkt zu überschreiten. Dieses Mal saß ich still auf seinem Rücken und erlaubte ihm, den nächsten Schritt ohne jede Einflussnahme meinerseits zu machen. Ich fühlte, wie er sein Gewicht leicht über den Scheitelpunkt hinaus verlagerte, ohne seine Beine dabei zu bewegen. Die Brücke kippte nicht. Er rückte sich zurecht und verschob dann ein wenig seinen linken Vorderfuß. Wiederum bewegte sich die Brücke nicht. Er verharrte einige Sekunden in dieser Stellung und dann, während er seinen Fuß in Position auf der Brücke ließ, begann er, ganz langsam sein Gewicht nach links zu verlagern über den soeben von ihm platzierten Fuß. Schließlich begann die Brücke in demselben Tempo zu kippen, mit welchem er sein Gewicht verlagerte.

Und an diesem Punkt geschah etwas Außergewöhnliches. Während beide Enden der Brücke nun über dem Boden waren, sei es auch nicht in gleichem Abstand, fühlte ich Smokey winzige, und manches Mal beinahe unmerkliche Veränderungen an der Art und Weise vornehmen, wie er sein Gewicht und seine Balance einsetzte. Da gab es ein leichtes Anspannen eines Muskels in seiner Schulter und beinahe gleichzeitig ein Entspannen in seinem Rücken. Dann löste sich beinahe ebenso schnell der Muskel in der Schulter, während er ein Hinterbein verlagerte, gefolgt von dem scheinbar unbedeutenden Neigen seiner Nase und dem Anspannen eines Muskels in der anderen Schulter.

Auf jede dieser kleinen Schritt-für-Schritt-Anpassungen reagierte die Brücke mit winzigen Bewegungen ihrerseits. Sie kippte nur ein klein wenig nach links und blieb dann langsam stehen und schwang zurück nach rechts. Als Smokeys Anpassungen kleiner und kleiner wurden, wurde die Bewegung der Brücke graduell flüssiger, bis es schien, als wären wir in einem kleinen Boot auf ruhigem Wasser, und die einzige Bewegung jene eines fast nicht nachweisbaren Wiegens, wenn eine leichte Brise über das Wasser zog.

Als ich so weiterhin still im Sattel saß, fühlte ich, wie sich die Anpassungen in Smokeys Körper von – ich würde es so bezeichnen – größeren, „äußeren" Anpassungen, dem Anspannen und Loslassen von vergleichsweise großen Muskeln in seinem ganzen Körper, zu inneren Anpassungen entwickelten. Damit meine ich und es ist für mich wahrscheinlich die beste Beschreibung, dass die Anpassungen von irgendwo tief in ihm zu kommen schienen, beinahe, als ob es sich dabei nur um Gedanken seinerseits handelte. Oder möglicherweise entstammten die Anpassungen den sehr kleinen Tiefensensibilitätsmuskeln weit in seinem Körperinneren, jenen, welchen es Tieren (Menschen eingeschlossen) erlauben, beinahe unmerkliche Anpassungen ihrer Balance vorzunehmen, ohne zuvor Gruppen größerer Muskeln ins Spiel bringen zu müssen.

Wie dem auch sei, binnen sehr kurzer Zeit und mit sehr wenig, wenn überhaupt, Führung meinerseits, hatte Smokey sich nicht nur in seinem Inneren in beinah perfekte Balance gebracht, sondern es auch geschafft, beide Enden der Wippbrücke auf gleiche Höhe über Grund zu bringen. Anschließend war er in der Lage, die Brücke beinahe dreißig Sekunden lang in dieser Position zu halten. Als ich ihn schließlich aufforderte, entlang der Seite der Brücke weiterzugehen, geschah dies mit kaum mehr als einem Gedanken meinerseits. Tatsächlich, beinahe zu dem Zeitpunkt, als ich angefangen hatte, an Bewegung zu denken, begann Smokey sein Gewicht in die Richtung meines Gedankens zu verlagern.

Seine Gewichtsverlagerung kippte die Brücke sanft in unsere Marschrichtung, und als er sein Gewicht ein wenig mehr verschob, landete der Rand der Brücke sehr weich auf dem Boden, ohne abrupten Kontakt und geräuschlos. Nachdem die Brücke nun einmal den

Boden berührt hatte, setzte Smokey sodann seinen Weg fort, also ob das, was er soeben getan hatte, die natürlichste Sache der Welt wäre.

Für mich war die Erfahrung jedenfalls ein wenig bemerkenswerter. Kurz gesagt war es das allererste Mal, dass ich physisch, oder vermutlich besser ausgedrückt, bewusst, das Konzept von *kamishitoe* erlebt hatte. Nicht unbedingt im Sinne der Grenze zwischen Leben und Tod, sondern vielmehr im Sinne einer Grenze zwischen dem, wo einerseits alles zur Verfügung steht und andererseits nichts zur Verfügung steht.

Die meisten der Anpassungen, die Smokey vorgenommen hatte, um die Brücke in Balance zu bringen, waren so klein gewesen, dass es sich anfühlte, als ob wir auf der Schneide einer sehr scharfen Messerklinge balanciert hätten. Alles, was ich zu tun hatte, war mich rauszuhalten, während er das machte. Und ich glaube, es war gerade dieses Stillsitzen und Mich-Raushalten, das es mir überhaupt erst ermöglichte, jene winzigen Anpassungen zu spüren. Im Nachhinein bin ich mir ziemlich sicher, hätte ich aktiv versucht, ihm zu helfen, so hätten die Dinge, die ich unter Umständen gemacht hätte, jenes Fühlen zwischen uns beiden überdeckt und seine Aufgabe so viel schwieriger gemacht.

Den Rest jenes Tages und über viele der folgenden konnte ich nicht aufhören, über die äußerste Raffinesse dessen, was Smokey ausgeführt hatte und wie er es ausgeführt hatte, nachzudenken. Dies bot mir Gelegenheit, darüber nachzudenken, wie viel ich in der Kommunikation wohl davon verpassen würde, was meine Pferde mir während simpler (und auch nicht so simpler) Alltagsaufgaben anboten. Es veranlasste mich auch dazu, viel größeres Augenmerk auf die Dinge zu legen, die meine Pferde vollführten und anboten, während ich mit ihnen arbeitete, und darauf, wie ich entweder ein produktiver Bestandteil werden konnte, indem ich den Dingen, die sie anboten,

Richtung gab, oder mich raushalten musste und ihnen einfach erlauben, die an sie gestellte Aufgabe auszuführen.

Etwa einen Monat nachdem Smokey und ich auf der Wippbrücke gewesen waren, ritt ich ein anderes meiner Pferde, Mouse, auf einem unserer einwöchigen Kurse. Während wir auf die Reiter warteten, bis sie ihre Pferde für den Tag vorbereitet hatten, näherten sich Mouse und ich der Wippbrücke, die uns für Übungen mit den Kursteilnehmern zur Verfügung stand. Mouse hatte die Brücke unzählige Male überquert und war darin ein Experte. Allerdings hatte ich mir nie die Zeit genommen, um zu sehen, ob wir zwei das Ding auch zum Balancieren bringen könnten.

Ich entschied, dass nichts dagegen sprach, es jetzt zu versuchen und ich begann, mit Mouse die Länge der Brücke zu überschreiten. Als wir uns der Mitte näherten, bat ich ihn anzuhalten. Wir standen ruhig da, knapp vor dem Scheitelpunkt und verharrten ein paar Sekunden lang, bevor ich begann, daran zu denken, ihn zum Vorwärtsgehen aufzufordern. Ähnlich wie Smokey auf die in etwa gleiche „innere" Hilfengebung meinerseits reagiert hatte, begann Mouse sein Gewicht nach vorne zu verlagern, in Richtung des Kipppunkts.

Diese Form zu reagieren war für Mouse nicht ungewöhnlich. Während der drei Jahre, in denen wir zusammen gewesen waren, hatten wir eine großartige Verbindung und ein harmonisches Verhältnis entwickelt, sodass meistens ein Gedanke meinerseits bereits ausreichte, um ihn reagieren zu lassen. Tatsächlich erwähnte meine Assistentin eines Tages, sie könne nie irgendeine physische Hilfengebung von mir erkennen, wenn ich auf ihm wäre, und doch schien er alles auszuführen, worum ich ihn ersuchte. Ich schlug vor, sie solle auf ihn steigen, sodass sie spüren könne, wie es sich anfühlte und wie wenig notwendig sei, um ihn reagieren zu lassen.

Sobald sie den Steigbügel aufgenommen und sich im Sattel niedergelassen hatte, wurden ihre Augen groß.

„O mein Gott!“ sagte sie. „Ich kann fühlen, wie er sich bewegt!“

Sie zeigte hinab auf das Sattelhorn und zeichnete einen kleinen Kreis mit ihrem Finger.

„Es ist, als ob sein Inneres das hier macht!“ lachte sie. „Er fühlt sich an, als ob er sagt *Ich kann in jede dieser Richtungen gehen; du musst dir nur eine davon aussuchen.*“

„Dann such dir eine aus.“ Ich lächelte.

Sie reichte hinab und berührte die Zügel ohne sie aufzunehmen. Dann drehte sie ihre Augen nach links und sobald sie das machte, wandte sich Mouse' Kopf nach links und er begann, in diese Richtung zu gehen.

„O mein Gott!“ wiederholte sie. „Das ist erstaunlich! Ich habe noch nie zuvor ein Pferd fühlen können, wie es das macht.“

Mouse war ein wirklich ein großartiges Pferd. Er zeigte eine Bereitwilligkeit, welche es zu einer absoluten Freude werden ließ mit ihm zu reiten und zu arbeiten, und obwohl er es manchmal schwierig fand, manchen Leuten zu trauen, besonders Fremden, würde er schließlich alles für Dich geben, ohne Frage und ohne Bedenken. Genau das machte er an jenem Tag auf der Brücke.

Er stand mit seinem Gewicht vorwärts in Richtung Kipppunkt verlagert, doch würde sich nicht bewegen, es sei denn, ich bat ihn darum. Es war deutlich, dass wir noch einen kleinen Schritt benötigen würden, um die Brücke in Bewegung zu setzen, doch anstelle ihn mit einer physischen Hilfe zu bitten sich zu bewegen, dachte ich einfach, wie es sich anfühlen würde, wenn ich den Schritt machen würde, und nicht er. Ich stellte mir mich selbst vor, wie ich einen kleinen Schritt mit meinem linken Fuß machte. Binnen Sekunden machte Mouse einen gleich großen Schritt. Er setzte seinen Fuß exakt auf den Scheitel der Brücke und beinahe noch bevor sein Fuß aufgesetzt hatte, dachte ich an einen weiteren Schritt mit meinem anderen Fuß. Wiederum schritt er voran, mit seinem anderen Vorderfuß. Diesmal landete der Fuß ein wenig jenseits des Scheitelpunkts, wenngleich nicht weit genug, um die Brücke in Bewegung zu setzen.

Mouse und ich setzten die Arbeit auf diese Weise für die nächsten paar Minuten fort, bis schließlich seine Vorderbeine und seine Hinterbeine in Position waren, um die Brücke zu bewegen. Es brauchte nur noch das korrekte Verlagern seines Gewichts, um die niedrige Seite der Brücke vom Boden abheben zu lassen. Wir hielten ein paar Sekunden inne, bevor ich tief ausatmete und daran dachte, wie wir uns nach vorne verlagerten. Noch bevor mein Gedanke zu Ende gedacht war, führte er es bereits aus.

Die niedrige Seite der Brücke begann abzuheben und während sie das tat fühlte ich die gleichen, nuancierten Anpassungen in Mouse, wie ich sie in Smokey gefühlt hatte. Da war ein Anspannen eines Muskels hier, das Lockern eines dort, das leichte Neigen seiner Nase oder Heben oder Senken seines Kopfs, oder das leichte Bewegen eines Fußes in die eine oder andere Richtung. Dann, genau wie bei Smokey, wurden die Anpassungen kleiner und kleiner, bis sie nur im Inneren von Mouse' Körper zu sein schienen.

Als Mouse jene Anpassungen vollzog, merkte ich, dass ich in meinem Körper ebenfalls Anpassungen machte. Jeder Anpassung seinerseits schien mein Körper entgegenzuhalten. Mit anderen Worten, verlagerte er nach rechts, verlagerte ich nach links. Verlagerte er nach vorne, verlagerte ich nach hinten. Sobald er nach vorne rechts verlagerte, verlagerte ich nach hinten links und so weiter.

Bedenken Sie nun, dass an jenem Punkt der Übung die große Mehrheit dieser Veränderungen *nicht* äußere Bewegungen von einem von uns waren. Sie waren meistens winzige, innere Anpassungen, die für einen Zuschauer sehr schwer zu erkennen gewesen wären. So klein sie auch waren, erinnerten sie mich doch ein wenig an einen Baum, der im Wind schwankt. Um aufrecht stehen zu bleiben kann der Wipfel (ich) sich in die eine Richtung bewegen, während der

Stamm (Mouse) sich in die andere bewegt. Irgendwo zwischen all diesen scheinbar entgegengerichteten Bewegungen wird Balance erreicht.

Jedenfalls standen Mouse und ich Sekunden später in der Mitte der Brücke in perfekter Balance und beide Enden der Brücke waren gleich weit vom Boden entfernt. Doch im Gegensatz dazu, wie Smokey und ich die Brücke einen Monat zuvor ausbalanciert hatten, waren Mouse und ich imstande, jene Balanceposition viel länger als dreißig Sekunden zu halten. Tatsächlich standen Mouse und ich noch immer dort in der Mitte jener Brücke im Gleichgewicht, als die Reiter einige Minuten später ihre Pferde in die Reitbahn brachten.

Es war seltsam, doch unmittelbar nachdem wir die Brücke ausbalanciert hatten, fühlte es sich so an, als ob unsere Balance nur flüchtig wäre und wir sie praktisch jederzeit verlieren konnten. Doch je länger wir in dieser Position verblieben, umso mehr schien es möglich, dass wir dort bleiben könnten, solange wir wollten. Als die Minuten verstrichen, wurde das Halten jenes Gleichgewichts für uns beide nahezu mühelos. Tatsächlich kam die Brücke erst aus dem Gleichgewicht, als sich alle Reiter bereit zur Arbeit auf der Bahn versammelt hatten und ich Mouse bat, vorwärtszugehen.

Wiederum tat er es Smokey gleich, als ich ihn darum bat, vorwärtszugehen, indem er es besonders langsam und bedacht anging. Auf diese Weise neigte sich das Ende der Brücke langsam Richtung Boden, um ihn weich zu berühren anstatt des harten Aufpralls, den es hätte geben können, wären wir nur unbedacht vorwärtsmarschiert.

Als ich an jenem Abend vom Kurs nach Hause fuhr, begann ich zu begreifen, dass die Dinge, die ich mit Mouse an diesem Tag und ebenso jene, die ich von Smokey und der Brücke gelernt hatte, auf welcher er und ich gewesen waren, tatsächlich sehr wenig damit zu tun hatten, eine Wippbrücke in Balance zu bringen. Vielmehr hatte ich begonnen zu verstehen, dass das gesamte Vorhaben in Wirklichkeit nur eine Übung darin war, wie man es lernt, *auf dem Grat* zu balancieren. Ich bin zu dem Verständnis gelangt, dass der Grat der Balance jenen Punkt in der Reiterei bezeichnet, der so flüchtig und unverstanden ist, dass viele von uns ihn schlichtweg übersehen oder schlimmer noch, ihn völlig verfehlen.

Der *Grat* ist einfach das: ein Punkt der Verfeinerung, sehr ähnlich dieser sehr scharfen Messerklinge, die ich zuvor erwähnte. Er ist der Punkt, an dem sowohl Pferd als auch Reiter genau wissen, was sie als Nächstes machen werden, wobei jedoch keiner von beiden sich bereits völlig darauf festgelegt hat. Schlussendlich ist er jener Moment, jenes Hundertstel oder bloß Tausendstel einer Sekunde genau vor der verbindlichen Zusage, welcher es beiden Partnern erlaubt, sich kurzzeitig auf Messers Schneide aufzuhalten. Danach ist es die Zusage, sowohl innerlich wie äußerlich (oder ihr Fehlen), die es uns erlaubt, entweder die erwünschte Reaktion zu erhalten oder mit einer Reaktion Vorlieb nehmen zu müssen, die oftmals viel weniger darstellt, als wir uns wünschen.

Kurz nachdem Mouse und ich zusammen auf der Brücke gearbeitet hatten, begann ich die Gratwanderung auch in anderen Dingen zu suchen, die wir unternahmen. Bald erkannte ich, dass die Präzision beinahe jeder Bewegung, die wir ausprobierten, von ihr abhing. Wollte ich beispielsweise anhalten, konnte ich die Zügel aufnehmen und um einen Halt ersuchen, oder ich konnte das Gefühl des Haltes, welches ich erreichen wollte, zuerst in meinen Körper bringen.

Dies geschah nicht durch irgendeine physische Bewegung meinerseits, wie Zurücklehnen im Sattel, Verändern der Sitzposition, Druck meiner Füße in die Steigbügel, wie wir es manchmal bei Reitern sehen. Vielmehr dachte ich einfach daran, wie sich das Innere meines Körpers anfühlte, wenn ich anhielt, ich alleine ohne mein Pferd zu Fuß. Auf diese Art und Weise konnte ich dann fühlen, wie Mouse sich auf das Anhalten *vorbereitete*, was es uns beiden im Gegenzug ermöglichte, die Wanderung auf dem Grat zur Zusage zu unternehmen. Dann, einen Sekundenbruchteil später, als ich mich tatsächlich festlegte, den Stopp entweder durch eine innerliche oder physische Hilfe (oder beides) abzufragen, würde dieser stets sanft, rasch und präzise erfolgen.

Ich glaube, in Wahrheit haben die meisten Pferdeleute das eine oder andere Mal diese Art der Präzision in der Verständigung erlebt, von der ich hier spreche. Aber die Erfahrung ist üblicherweise so flüchtig, dass zu jener Zeit, zu der wir erkennen, dass etwas geschehen ist, wir uns bereits fragen, ob es wirklich passiert ist oder nicht. Dann sind beide, Pferd und Reiter, normalerweise schon bei der nächsten Sache und das Fühlen, das wir soeben erlebt haben, ist rasch vergessen. Ferner legt üblicherweise vieles von dem, was traditionell in beinahe allen Reitlehren gelehrt wird, wenig Wert auf jenes Maß an Exaktheit, welches notwendig ist, um verlässlich zu fühlen, wenn sowohl Pferd wie Reiter diese feine Klinge der Kommunikation erreicht haben. Aus diesem Grund lernen wir nicht, wie wir danach suchen sollen und lernen schon gar nicht, wie wir danach fühlen sollen.

Nirgendwo ist jener Mangel an Genauigkeit offensichtlicher als in vielen der Spielarten von Bodenarbeit, die heutzutage in der Reiterei gelehrt werden. Wenn wir beispielsweise einem Pferd gegenüberstehen, das nicht gefangen werden möchte, besteht überwiegend die Auffassung, wir müssten ihm Druck machen oder es jagen, auf dass das Sich-nicht-fangen-Lassen viel schwieriger würde als das Sich-fangen-Lassen. Schließlich, nachdem es eine Zeitlang gehetzt wurde, ermüdet das Pferd und erlaubt der Person, sich zu nähern und es zu fangen.

Doch diese spezielle Auffassung missachtet die kleinen Zeichen, die das Pferd mit Sicherheit angeboten hat, und zwar lange bevor es sich gezwungen sah davonzulaufen. Eine subtile Veränderung im Ausdruck, das leichte Anspannen des Kiefers, eine winzige Gewichtsverlagerung, ein Anspannen eines Muskels, oder eine beliebige Anzahl anderer kleiner Signale, welche es vermutlich aussandte, hätten dem Halter mitteilen können, dass das Pferd schon auf dem *Grat* wanderte. All dies sind Signale, die uns vermitteln, dass das Pferd drauf und dran sein könnte, sich zu bewegen, sich aber noch nicht darauf festgelegt hat. Für gewöhnlich fühlt das Pferd, es habe keine andere Wahl mehr als sich zu bewegen, erst nachdem wir das Signal/die Signale ignorieren und es vom Grat abrutschen lassen.

Zu unserer Verteidigung: Oft erkennen wir einfach die Zeichen nicht; wir wurden nicht gelehrt, nach ihnen Ausschau zu halten, wir übersehen sie, weil wir nicht glauben, dass sie etwas bedeuten, oder weil wir denken, sie bedeuten etwas anderes als sie es in Wirklichkeit tun. Und deshalb vergeuden wir letztendlich eine Möglichkeit für Kommunikation auf dem feinfühligsten Niveau. Einem Niveau übrigens, von dem ich glaube, dass es die meisten Pferde verwenden, um miteinander zu kommunizieren.

Vor einigen Jahren bot sich mir die Gelegenheit, mit einer ungewöhnlich hohen Anzahl von Pferden zu arbeiten, deren Besitzer sie für schwierig zu fangen hielten. Sie kamen alle nacheinander zu mir, ein paar Tage von einem zum nächsten, verteilt über einen Zeitraum von dreißig oder vierzig Tagen. Bis dahin arbeitete ich so ziemlich nach dem Lehrbuch, um mit Pferden zu arbeiten, die Probleme hatten gefangen zu werden: Ich ließ sie mehr laufen als sie wollten. Sobald sie nicht mehr rennen wollten, würde ich Zeit darauf verwenden, sie dazu zu bringen, sich mir zuzuwenden, sie „anbeißen lassen" und davon ausgehend am Bestandteil des eigentlichen Fangens im gesamten Prozess arbeiten. Abhängig von der Größe des umzäunten Platzes war die Methode eigentlich in relativ kurzer Zeit erfolgreich, oft binnen nicht länger als etwa einer halben Stunde.

Wie dem auch sei, nachdem ich nun so viele Pferde innerhalb eines so kurzen Zeitraums zu Gesicht bekam, begannen mir Ähnlichkeiten im Verhalten beinahe aller Pferde aufzufallen. Außerdem bemerkte ich (fast zufällig), dass sobald ein Pferd ein bestimmtes Verhalten zeigte, wie etwa das Anspannen eines Muskels oder Versteifen des Kiefers und ich in einer bestimmten Art darauf reagierte – sagen wir, mit der Verlagerung meines Gewichts in eine bestimmte Richtung oder sogar einem Ausatmen zu einer bestimmten Zeit – ich entweder die Reaktion, die ich wollte, hervorrufen oder eine unerwünschte erhalten konnte.

Wieder und wieder sah ich Ähnlichkeiten in Körperhaltung, Verhalten und Spannung, und wieder und wieder experimentierte ich mit eigenen Verhaltensweisen. So fand ich schnell heraus, dass die Mehrheit der Pferde mit denen ich arbeitete, gar nicht wegrennen wollte, wenn man sich ihnen näherte. In der Mehrzahl der Fälle liefen sie weg aufgrund der Art und Weise, wie ich auf ihre Angebote reagierte!

All die kleinen Gesten und Bewegungen, die sie zeigten, bedeuteten etwas – wenn nicht für mich, dann sicherlich für sie. Doch weil ich (in ihrer Sichtweise) die Gesten ignorierte, schubste ich sie über den gefährlich schmalen Grat, auf dem sie sich befanden und ließ sie daher als nicht kooperativ erscheinen.

Es war erstaunlich, wie viel entgegenkommender die Pferde zu werden schienen, sobald ich wirklich begann, den kleinen Dingen, die sie anboten, Aufmerksamkeit zu schenken. Plötzlich erkannte ich, dass wenn ich anstatt diese feine Änderung im Ausdruck oder Anspannung eines Muskels oder diesen kurzen Blick in eine bestimmte Richtung zu ignorieren, mit Gewichtsverlagerung oder einem etwas anderen Winkel meiner Schulter oder auch nur mit einer anderen Art und Weise des Atmens reagierte, ein Pferd, welches in der Vergangenheit das Gefühl hatte weglaufen zu müssen, dies nicht mehr tun würde. Stattdessen würde er oder sie stillstehen, warten und sich schließlich ein wenig entspannen. Dann, nach einer weiteren

Gewichtsverlagerung oder Veränderung des Winkels oder einem kleinen Schritt in diese oder jene Richtung würde das Pferd ruhig beginnen entsprechend zu reagieren.

Am Ende dieser besonderen vierzig Tage hatte ich einen völlig veränderten Ansatz in der Art und Weise, Pferde zu sehen und mit ihnen zu arbeiten, welche als „schwer zu fangen" eingestuft wurden. Verstehen Sie mich nicht falsch – da war immer noch eine Menge zu experimentieren und viel Versuch und Irrtum meinerseits, doch da war auch sehr viel weniger Davonrennen.

Ich fing an, in meinen Kursen über diese Gratwanderung in der Kommunikation zu sprechen und versuchte, sie so gut wie möglich zu erklären, während ich verschiedene Techniken im Reiten oder in der Bodenarbeit vorführte. Im Laufe der Zeit baten mich einige Leute, eine Bodenarbeits-DVD herzustellen, auf welcher ich diese subtilen Wechselwirkungen bei der Arbeit mit schwer zu fangenden Pferden zeigen konnte. Vor einigen Jahren tat ich dies dann tatsächlich.

Für die DVD-Aufnahmen wollte ich ein Pferd finden, das sich wirklich schwer damit tat, gefangen zu werden, eines, das schon seit einiger Zeit ein Problem hatte und einige der unerwünschten Verhaltensweisen zeigen würde, mit denen es die meisten Leute zu tun bekommen, wenn sie ein ähnliches Problem mit ihrem eigenen Pferd haben. Wie es das Schicksal so wollte, besaß ein Freund, der eine Nachbarranch betrieb, so ein Pferd. Einen Appaloosa-Wallach, der seit einigen Jahren auf der Ranch lebte und diese ganze Zeit über hartnäckig schwer zu fangen gewesen war.

Der Wallach war so schwer zu fangen gewesen, dass am Tag bevor ich ihn abholen sollte, um ihn zum Drehort für die DVD zu bringen, die Ranchbelegschaft meines Freundes die gesamte Reitpferdetruppe der Ranch von der Weide holen musste, nur um diesen einen Wallach in den Sammelpferch zu bekommen. Die Helfer waren nicht imstande, ihn im Pferch zu fangen, also trieben sie ihn in einen kleineren, daran anschließenden Pferch. Tja, dort konnten sie ihn auch nicht fangen, also trieben sie ihn in einen noch kleineren Pferch. Schließlich manövrierten sie ihn in einen 7 × 5 m großen Stierverschlag, füllten den Wassertank, warfen Heu hinein und ließen ihn zurück, auf dass ich ihn am nächsten Morgen von dort auflesen sollte.

Als ich den Pferch betrat, begann er beinahe sofort, viele der subtilen Zeichen zu setzen, die ich gelernt hatte, mit einem Pferd zu assoziieren, welches nicht daran interessiert war wegzulaufen, sondern dachte, dass Rennen das war, was man von ihm erwartete. Nervös, sprunghaft und mehr als nur ein wenig vorsichtig, begann er beinahe sofort nachdem ich das Tor geöffnet hatte, nach einem Fluchtweg Ausschau zu halten. Während er die Rückseite des Pferchs abging, stand ich am Tor und beobachtete ihn.

Schnell ging er in eine Richtung, erreichte den Zaun, der die lange Seite des Pferchs begrenzte, duckte seinen Kopf in Richtung der Rückseite des Pferchs und warf sich herum. Nachdem er kehrtgemacht hatte, lief er in die andere Richtung, bis er die andere lange Zaunseite erreichte, wo er sich duckte und sich zurück in die andere Richtung herumwarf.

Ich verbrachte ein wenig Zeit damit, ihn zu beobachten und bemerkte, dass er sich nicht nur mit ziemlich viel Energie bewegte, sondern zudem auch vergleichsweise kopflos. Mit anderen Worten, er suchte nicht nach einem Weg anzuhalten und er verschwendete nicht einmal auch nur irgendeinen Gedanken daran, was ich wohl von ihm wollte. Er bewegte sich und damit hatte sich die Sache quasi.

Obwohl natürlich die Tatsache, dass er sich gezwungen fühlte sich zu bewegen, als ich den Pferch betrat, mit Sicherheit einen Aspekt der Angelegenheit bildete, war es tatsächlich die *Art und Weise*, in der er sich bewegte, die meine Aufmerksamkeit erregte. Der Wallach war besorgt, sehr besorgt. Sicherlich besorgter als es die Situation normalerweise gerechtfertigt hätte. Indem ich ihn beobachtete, wie er zuerst in die eine Richtung, sodann in die andere Richtung marschierte, wurde mir bewusst, dass sein Problem nicht so sehr darin bestand, nicht gefangen werden zu wollen, sondern vielmehr darin, wie er sich fühlte, wenn sich jemand näherte. Mit anderen Worten, allein dass ihm jemand nahe kam, schien ihm bereits Sorge zu bereiten, und diese setzte ihn in Bewegung.

Er sah mich nicht an, während er sich bewegte, Kopf und Augen in Richtung der Rückseite des Pferchs haltend, im Schritt und Trab entlang der hinteren Begrenzung. Jedoch erlaubte ihm sein Instinkt nicht, mich vollkommen zu ignorieren und obwohl er sehr mit sich selbst beschäftigt war, blieb immer eines seiner Ohren in meine Richtung gestellt. Ich fuhr fort, ihn genau zu beobachten, während er einige weitere sehr schnelle und scheinbar gedankenlose Strecken am hinteren Zaun entlang zurücklegte, bevor ich endlich sah, wonach ich suchte.

Er gab mir eine Zugangsmöglichkeit. Sie war klein, sehr klein, doch sie war vorhanden. Mit seiner linken Seite zu mir gerichtet und gerade bevor er mit seinem Kopf abtauchte und sich in die andere Richtung herumwarf, neigte sich sein Kopf ein ganz klein wenig in meine Richtung und sein linkes Auge blickte ganz kurz zu mir zurück. Es war sein sehr schmaler *Grat*, auf dem Kommunikation mit ihm möglich war – oder nicht.

Ich beobachtete ihn über zwei weitere Längen, um sicherzugehen, dass ich wirklich sah, was ich zu sehen glaubte und beide Male wiederholte er das exakt gleiche Verhalten. Er würde seinen Kopf leicht neigen und sein Auge zurückwenden. Dann, im nächsten Augenblick, würde er seinen Kopf ducken und sich zurück in die andere Richtung herumwerfen. Weitere zwei Längen beobachtete ich ihn, um das Gefühl und Timing zu bekommen, von dem ich annahm, dass ich es bräuchte, um mit meinem Plan weiterzumachen. Auf der nächsten Länge ging es los.

Als er sich der Seitenbegrenzung mit seiner linken Flanke zu mir gerichtet näherte, wartete ich auf den Punkt, genau bevor er seinen Kopf in meine Richtung neigte und so präzise zu diesem Zeitpunkt, wie ich es konnte, verlagerte ich mein Gewicht leicht nach rechts. Meine Verlagerung stimmte beinahe perfekt mit seiner Kopfbewegung überein, welche im Gegenzug gleichsam wie ein Magnet seinen Blick ein wenig weiter in meine Richtung zog.

Diese Veränderung störte seinen Bewegungsablauf für nur eine Sekunde, doch sie reichte nicht aus, um ihn daran zu hindern, wegzutauchen und sich einmal mehr in die andere Richtung zu wenden. Auf der nächsten Länge machten wir beide genau das Gleiche noch einmal. Unmittelbar bevor er seinen Kopf neigte, verlagerte ich mein Gewicht und diesmal drehte sich sein Kopf sogar weiter, was ihn tatsächlich dazu brachte, seine Bewegung vor dem Ducken und Wenden eine Sekunde lang auszusetzen. Doch es war die nächste Länge, die den Ausschlag geben sollte.

Als er sich dem seitlichen Zaun näherte, seine linke Flanke zu mir zeigend, verlagerte ich wieder meine Position und wieder begann sein Kopf sich mir zuzuwenden. Diesmal fixierte er nicht nur seinen Blick auf mich, als er den Kopf drehte, sondern stoppte tatsächlich gleichzeitig sämtliche Bewegungen. Es schien ihn ein wenig zu überraschen und er stand da und blickte mich an, mit aufgerichtetem Kopf und weiten Augen. Er blies seine Nüstern auf, schnaubte kräftig durch seine Nase und erzeugte dabei die Art von Ton, welche ein Pferd dazu verwendet, die Herde zu alarmieren oder einem potenziellen Fressfeind Paroli zu bieten. Er war laut genug, um vom nahegelegenen Stall und den Schuppen widerzuhallen und sich das Tal hinunter auszubreiten, wo er als Echo von den Bäumen jenseits der Wiesen abprallte und schließlich zurückkehrte.

Rasch hob und senkte er seinen Kopf, als ob er versuchte, die Entfernung zwischen uns und gleichzeitig mich abzuschätzen, um herauszufinden, welche Gefahr, wenn überhaupt, ich darstellte. Ich verlagerte mein Gewicht wieder nach rechts, und seine Kopfbewegungen hörten sofort auf. Ein wachsames Auge auf mich gerichtet, drehte er seinen Kopf langsam nach rechts, als ob er sich gleich wieder ducken und umdrehen würde, doch es bedurfte meinerseits nur einer Verlagerung nach rechts mehr, um seine Aufmerksamkeit zurück in meine Richtung zu lenken.

Als sein Kopf sich mir zuwandte, verlagerte ich mich einmal mehr nach rechts, indem ich sogar einen sehr kleinen Schritt in diese Richtung machte. Der Wallach folgte beinahe instinktiv. Meine Bewegung hatte wiederum mit der Wendung seines Kopfes übereingestimmt und für eine Sekunde schien es, dass unsere Bewegungen verbunden waren. Als ich mich bewegte, wandte sich sein Kopf mit meinem Schritt und sein linker Vorderfuß schien automatisch seinem Kopf zu folgen. Dann hielten wir beide wieder inne.

Wir hatten die Gratwanderung begonnen, diesen kleinen Moment der Kommunikation, in dem gleichzeitig alles und nichts zur Verfügung steht. In den nächsten paar Minuten folgte jeder meiner Bewegungen, egal wie klein, unmittelbar eine ähnlich kleine Bewegung des Wallachs. Verlagerte ich mich nach rechts, verlagerte er sich nach links, zu mir. Je mehr Zeit wir auf diese einfachen, kleinen Bewegungen verwendeten, umso wohler schien er sich zu fühlen. Bald hatte ich die kleinen Bewegungen in kleine Schritte verwandelt, und dann in größere. Schließlich ging ich ruhig einen Halbkreis in Richtung seiner Hinterhand, und er kam mir entgegen, indem er seinen Kopf zu mir gerichtet ließ und tatsächlich Schritte in meine Richtung machte.

Sekunden später zog ich das Halfter über seine Nase, schloss die Schnalle und führte ihn ruhig vom Platz. Er stieg ohne ein Problem in den Anhänger und fuhr in Ruhe zum Drehort für die DVD. Wir hatten bereits besprochen, wie wir das Filmen gestalten wollten, und zwar sollte es damit beginnen, wie ich den Wallach am Drehort auslade und ihn direkt zu dem Roundpen bringe, in dem wir arbeiten würden, und so machten wir es.

Der Rest der Arbeit mit ihm wurde dann praktisch in Echtzeit gefilmt. Das Problem, wenn Sie es so nennen wollen, war, dass die Wirkung der wenigen Arbeit, die wir gerade auf der Ranch gemacht hatten, sich beinahe sofort ins Roundpen übertrug. Anstatt dass der Wallach nach einem chronisch schwer zu fangendem Pferd aussah, suchte er demzufolge tatsächlich beinahe von Beginn an nach einer Möglichkeit, in unserer Nähe zu sein!

Er unternahm ein paar halbherzige Versuche, sich zu entfernen, gleich zu Anfang, als ich den Platz betrat, und für ein paar Sekunden fragte ich mich, ob er zu dem von ihm heute Morgen gezeigten Verhalten zurückkehren würde, bevor ich ihn abgeholt hatte (was, wie ich vermute, für den Produktionswert des Videos gut gewesen wäre, aber nicht notwendigerweise gut für das Pferd). Aber das tat er nicht. Binnen weniger Minuten begann er, in seinem Verhalten diese kleinen Zugangsmöglichkeiten anzubieten, die uns klarmachten, dass er nicht weglaufen wollte. Dies war oft nicht mehr als vielleicht ein kleiner Wechsel, wohin er blickte, oder ein belanglos erscheinendes Neigen der Nase oder das Lösen der Spannung in einem Muskel. Doch sie waren groß genug, um auf ihnen aufzubauen

Während wir beide arbeiteten, unternahm ich jeden Versuch, die von ihm angebotenen kleinen Signale aufzufangen und sie in manchen Fällen vorauszusehen und ganz kleine Bewegungen oder Anpassungen meinerseits vorzunehmen. Diese bestanden wiederum aus wenig mehr als einer Verlagerung meines Gewichts auf die eine oder andere Seite, einem Schritt in eine bestimmte Richtung – nach vorne, hinten oder zur Seite – oder dem leichten Neigen oder Drehen meines Körpers. Manchmal war es das leichte Heben oder Senken meines Arms oder auch nur Ein- oder Ausatmen in einer bestimmten Art und Weise zu einem bestimmten Zeitpunkt.

All dies waren Dinge, die ich über die Jahre gelernt hatte, in Situationen wie dieser anzuwenden, und, wie bereits erwähnt, war ich auf die meisten von ihnen einfach per Versuch und Irrtum gestoßen. Aber sie halfen mir, mich gleichsam in den emotionalen Bereich hineinzuzwängen, den der Wallach präsentierte. Ich verwende hier den Ausdruck „hineinzwängen“, denn in manchen Fällen ist dies für mich exakt, wie es sich anfühlt: sich vorsichtig durch einen sehr schmalen Vorhangschlitz zu zwängen, und dabei den Vorhang sich nicht weiter öffnen zu lassen als er ohnehin bereits geöffnet ist.

Es kann manchmal ein schwieriger Balanceakt sein, doch wenn man es richtig macht, kann uns das Pferd an die Schwelle des Zugangs heranlassen, der zu seinem emotionalen Grat führt. Natürlich, mit einem Pferd auf den Grat zu gelangen ist eine Sache, danach auf ihm vorsichtig zu wandern ist noch einmal eine ganz andere. Und um ehrlich zu sein, es ist der „Vorsichtig-zu-wandern-“, nicht der Dorthin-kommen-Teil, mit dem die meisten Leute Schwierigkeiten haben.

Unsere Neigung, Dinge schnell erledigen zu wollen, oder eine bestimmte Technik exakt so ausführen zu wollen, wie wir sie unseren bevorzugten Trainer, Kursleiter oder Lehrer haben ausführen sehen, oder genau jene Reaktion zu bekommen, von der man uns gesagt hat, wir sollten sie bekommen, verstellt oft unseren Weg. All das kann unsere Fähigkeit unterdrücken, mit dem Fühlen und der Beobachtung des Pferdes zu experimentieren, und tun dies auch oft. Ich spreche hier vom Inneren des Pferdes, nicht vom Äußeren. Dies ist wichtig, denn zumindest aus meiner Erfahrung ist es jenes Experimentieren, welches es uns ermöglichen kann und oft ermöglicht, nicht nur auf diesen Grat zu gelangen, den jedes Pferd zu besitzen scheint und uns anbieten möchte, sondern auch auf ihm zu balancieren und in einer produktiven Art einzuwirken.

Nun nehme ich an, dass einige Leute, die das lesen, bei sich denken könnten, dass sie einfach nicht genügend Fertigkeit besitzen, um mit einem Pferd auf einer so feinen Linie emotionalen Gleichgewichts zu arbeiten. Dem muss ich respektvoll widersprechen. Ich glaube, wir alle haben nicht nur die Fähigkeit, sondern auch die Notwendigkeit und sogar das Verlangen, um auf einer derart feinfühligen Ebene zu kommunizieren. Immerhin ist sie ohne Zweifel die Ebene der Kommunikation, welche wir benutzten, bevor Menschen Sprache kannten, und sogar heute ist sie immer noch die Ebene, die wir verwenden, um Gefühle in anderen Menschen zu interpretieren und sogar in anderen Tieren, indem wir sie einfach ansehen.

Auf dem Grat zu wandern ist nichts Neues für die Spezies Mensch und es ist sicherlich nichts Neues für die Tierwelt. Das Problem ist, dass der Grat, auf dem viele von uns Menschen klebenbleiben, eher der Klinge einer schartigen Axt gleicht als der sehr scharfen Klinge eines hervorragend gearbeiteten Messers.

Aber mit Zeit, Geduld (sowohl mit uns selbst als auch mit den Pferden) und letztlich Verständnis dafür, dass wir es einfach nicht jedes Mal richtig hinbekommen werden, kann sogar die schartige Klinge dieser Axt zu einer perfekt schimmernden und scharfen Schneide geschliffen werden. Sobald es so weit ist, könnten wir uns dann ein bisschen mehr wie diese jungen Männer auf dem Weg zu den Skipisten fühlen – die ihren Autoaufkleber präsentieren: *Wenn du auf dem Grat wanderst, verbrauchst du immer noch zu viel Platz!*

Einfachheit

Ich war unterwegs und verfolgte im Autoradio ein Football-Spiel zwischen den Denver Broncos und den Dallas Cowboys. Bei unter zwei Minuten verbleibender Spielzeit und dem Spielstand von 48:48 warf der Quarterback von Dallas eine Interception [1], die Denver den Ball in ihrer Hälfte überließ. Ein paar Spielzüge später, bei einer Restzeit von etwa einer Minute dreißig, schien es, als wäre die Wahl des nächsten Zuges ganz logisch. Denver – mit einem Abschlag von der Einyardlinie [2] – würde den Ball aufschnappen und in die Endzone befördern, um damit weiterzukommen.

Ich glaube, die meisten Zuseher (oder Zuhörer, wie in meinem Fall) dachten, dies wäre, was die Denver-Trainer ihrem Team anwei-

---

1 Anm. d. Übers.: Eine „Interception" bezeichnet einen Pass nach vorne, der von einem Gegenspieler abgefangen („intercepted") wird.

2 Anm. d. Übers.: Von dort ist es nur mehr ein Yard, also nicht mal mehr ein Meter bis in die Endzone des Gegners.

sen würden. Den Touchdown[3] verbuchen und dann zusehen, dass die Verteidigung Dallas für die restliche Minute und etwa fünfundzwanzig Sekunden am Punkten hindert, was wahrscheinlich noch an Spielzeit verbleiben würde. Das Problem war nur, dass Denvers Verteidigung die ganze Zeit über genauso viele Probleme gehabt hatte, den Angriff von Dallas aufzuhalten wie es umgekehrt der Fall war. Es bestand also durchaus die Möglichkeit, mit ansehen zu müssen, wie Dallas das Feld hinuntermarschiert und selbst einen Touchdown erzielt. Nichtsdestotrotz schien Denvers Wahl eine ziemlich leichte: punkten und dann versuchen zu halten.

Die Denver-Trainer hatten jedoch eine viel einfachere Lösung: Lass den Quarterback den Ball annehmen, sich ein paar Meter zurückziehen, hinfallen und damit das Spiel stoppen, doch die Uhr am Laufen halten. In seinem nächsten Spielzug tat er genau das und daraufhin noch einmal. Auf diese Art und Weise verbrauchten die Denver Broncos die gesamte Zeit bis auf zwei Sekunden. Dies gestattete es ihnen dann noch, den Fieldgoal[4] Spieler aufs Feld kommen zu lassen und den spielentscheidenden Treffer zu erzielen, während Dallas keine Zeit mehr hatte, zurück ins Spiel zu kommen.

Es war eine einfache Lösung, wenngleich die leichte Lösung viel logischer erschienen wäre. Doch ich glaube, diese Trainer wussten, dass es einen großen Unterschied bedeutet, etwas zu machen, weil es leicht ist oder etwas zu machen, weil es einfach ist.

Ich nehme an, dass wir in der Reiterei genauso wie im Leben die Tendenz haben, die beiden Konzepte ebenfalls zu verwechseln. Manchmal glauben wir, dass weil wir etwas als leicht bezeichnen, dies

---

3 Anm. d. Übers.: Sobald man auch nur einen Teil des Balls in die Endzone des Gegners bringt, verbucht man einen „Touchdown“. Dies bringt sechs Punkte ein und macht den Touchdown damit zum wertvollsten Spielzug.

4 Ein Fieldgoal im Wert von drei Punkten wird durch einen Schuss in das Tor des Gegners erzielt.

automatisch bedeutet, es sei einfach und weil etwas einfach ist, dies automatisch bedeutet, es sei leicht. Aber in Wahrheit ist meistens weder das eine noch das andere der Fall.

Als ich aufwuchs, arbeitete ich für den alten Mann – Walter Pruit – einen Pferdemann, der die Dinge immer so einfach wie möglich hielt, nicht nur, wenn er mit Pferden arbeitete, sondern in so ziemlich allem, was er tat.

Wenn er etwas von einem Pferd wollte, würde er das Pferd darum bitten und dann würde er sicherstellen, so freundlich wie möglich, dass das Pferd der Bitte Folge leistete und es tat. Kein Trara, keine Emotion, keine unnötige Bewegung und keine große Sache. War ein Pferd besorgt, half er es zu beruhigen. Benötigte ein Pferd mehr Energie, half er ihm ebenfalls dabei. Wenn eine Aufgabe zu erledigen war, irgendeine Aufgabe, wurde sie erledigt.

Walters Werkzeuge waren ebenfalls einfach. Er hatte ein Halfter und einen Führstrick für jedes Pferd am Platze; die meisten Halfter waren aus Leder und die Stricke aus Baumwolle oder Hanf. Er hatte ein Paar alter Fledermausflügelchaps, die er von Zeit zu Zeit trug, meistens wenn es kalt war; einige alte, gut gepflegte Kopfstücke mit einer Vielzahl an Trensen; und ein paar ziemlich gebrauchte Lederzügel für jedes von ihnen.

Ebenfalls befanden sich drei Stück acht Meter lange, abgenutzte und zerfranste Baumwollseile in seiner Sattelkammer, die er als Longierleinen verwendete; vier ebenso abgenutzte zwölf Meter lange Baumwollseile, die er zum Fahren vom Boden aus einsetzte; einige alte Einspännerpeitschen; eine Bullenpeitsche; und vier alte Sättel, drei von ihnen im späten 19. Jahrhundert hergestellt (einer war etwas neuer, aber nicht viel). Er besaß drei oder vier Lassos und verstand sich auf deren Gebrauch, obwohl ich ihn sie nur ein paar Mal benutzen sah.

Wenngleich dies die spezifischen Werkzeuge waren, an die ich mich erinnern kann, auf der Anlage oder in seiner Sattelkammer gesehen zu haben, rückblickend achtete ich nicht wirklich darauf, welche Werkzeuge er einsetzte, wenn er mit einem Pferd arbeitete. Es waren nicht die Werkzeuge, die mich beeindruckten, sondern vielmehr die Flüssigkeit seiner Bewegungen, was er mit seinen Händen machte, die Positionierung seines Körpers in Bezug auf den Körper des Pferdes, die Wahl des richtigen Zeitpunkts in einer bestimmten Situation vorzutreten oder sich in einer anderen zurückzuziehen.

Als ich älter wurde und begann, auf verschiedenen Ranches Arbeit anzunehmen, trug ich dieselbe Einfachheit meiner eigenen Werkzeuge und der Art ihres Gebrauchs mit mir. Wie ich erwähnte, hatte ich einen ziemlich beschützten Hintergrund, was meine frühe Arbeit mit Pferden anbetraf. Neben der Zeit, die ich mit Walter verbrachte, als ich jung war, landete ich für gewöhnlich auf der einen oder anderen relativ abgeschiedenen Ranch. Die meisten dieser Betriebe waren recht nachsichtig, wenn es darum ging, was mit den Pferden gemacht oder was verwendet wurde, um dies zu erreichen und so waren meine schlichten Werkzeuge, nie von denen, die mich anstellten oder denen, die mit mir arbeiteten, mit Augenmerk bedacht worden. Außerdem, da ich normalerweise der für den Pferdebetrieb Verantwortliche war und wir mit unseren Trainingspraktiken auf diesen Höfen ziemlich erfolgreich waren, gab es nicht wirklich einen Anlass, etwas zu ändern oder zu den Werkzeugen, die wir benutzten, etwas hinzuzufügen.

Aber als die Zeit so verging und ich die „echte Welt" des Pferdetrainings betrat, bemerkte ich, dass es eine Menge Trainer da draußen gab, die spezialisierte und scheinbar nützliche Werkzeuge verwendeten. Beispielsweise Führstricke und Halfter aus Schiffstau statt Baumwolle oder Leder (im Falle der Halfter); eine kleine Flagge am Ende eines Stocks oder einer Peitsche, um bei der Anweisung der Richtung, der Bewegung oder der Desensibilisierung eines Pferdes zu helfen; und Lassos, um Pferde in allen möglichen Situationen zu arbeiten, vom Fangen (per Lassowurf) bis zum Festmachen an einem Bein, um ihnen beizubringen, mit den Füßen geführt zu werden (anstatt oder zusätzlich zu einem Halfter).

Weil ich bis zu dieser Zeit so abgeschieden gelebt hatte, war es, als ob sich mir eine völlig neue Welt des Trainings geöffnet hatte, als ich Werkzeuge wie diese erstmals in Gebrauch sah. Nach kurzer Zeit bastelte ich mir selbst eine Flagge zusammen, indem ich einen braunen Papiersack in eine kleine Plastikeinkaufstasche steckte und diese mit Isolierband am Ende einer alten Peitsche festklebte. Nach und nach entdeckte ich auch andere Verwendungszwecke für meine Lassos, die ich zuvor nur gebraucht hatte, wenn ich mit Vieh arbeitete.

Schon bald verwendete ich die selbstgemachte Flagge, um beim Verladen von Pferden zu helfen, junge oder nervöse Pferde zu desensibilisieren, Pferde von einer Koppel auf eine andere zu bringen oder von einer Herde abzusondern. Ich begann, die Füße von jungen Pferden beim Anreiten mit Seilen zu bearbeiten, etwas, dessen Notwendigkeit ich in der Vergangenheit nie wirklich gesehen hatte. Doch weil ich einen Artikel gelesen hatte, wie das Pferdebeine-mit-dem-Lasso-Fangen ein Pferd auf das Angebunden-Werden vorbereiten könnte oder es lehren könnte, nicht in Panik zu verfallen, sollte es sich in einem Zaun verfangen, schien dies plötzlich eine wichtige Aufgabe zu sein. Es schien derart wichtig, um nicht zu sagen logisch, dass innerhalb weniger Wochen jedes Pferd auf der Anlage seine oder ihre Füße zumindest einige Male gefesselt gehabt hatte und an ihnen herumgefuhrwerkt worden war.

Im Laufe der Zeit sah ich bestimmte Trainingsmethoden und hörte von bestimmten Methoden, die ich nicht verwendet hatte, die aber nach einer möglicherweise guten Idee klangen. Da gab es Methoden wie das Hinlegen eines widersetzlichen Pferdes, sodass das Pferd lernen könne, wie es sich unterwirft und entspannt, oder Ein-Hand-Haltparaden immer und immer wieder, sodass das Pferd lerne, wie es seine Hinterhand in einer Notsituation außer Kraft setzte. Dann ging es darum, das Pferd dazu zu bringen, einer seitlichen Einwirkung mit der Trense nachzugeben, wiederum, immer und immer wieder, auf dass es lernen könne, durch Genick und Körper locker zu werden.

Am Boden verbrachte ich Zeit damit, Pferden das Ausweichen mit ihrer Vorhand und ihrer Hinterhand, das Seitwärtsgehen und Rückwärtsrichten beizubringen, beinahe alles davon wurde mittels Schwingen oder Schütteln eines Führstricks gelehrt (wie ich es Leute hatte machen sehen), um die erwünschte Reaktion zu erhalten. Nebenbei beschäftigte ich mich mit gebiss- und sattellosem Reiten, da ich gehört hatte, dass dies ein guter Weg sei, um herauszufinden, ob du eine solide Beziehung zu deinem Pferd hast, und ich fing an, Pferde in kleinen Gruppen anzureiten statt eines nach dem anderen, weil ich gehört hatte, dies sei ein einfacherer und schnellerer Weg.

Ein Mitarbeiter erwähnte, dass beinahe alles, was die Arbeit mit Pferden betraf, einfacher sei, wenn man es vom Rücken eines anderen Pferdes aus mache. Also beschloss ich, es ebenfalls zu versuchen. Für die nächsten paar Jahre wurde dann viel meiner Arbeit mit den Pferden der Ranch gemacht, während ich auf meinem Pferd Buck saß oder einem anderen Pferd, das wir auf der Anlage hatten, Biggie.

Nun muss ich sagen, dass, obwohl ich sicherlich all die Arbeit in jenem Lebensabschnitt genoss und zugegebenermaßen auch ziemlich viel in dieser Zeit lernte, nicht zu vergessen gewisse praktische Fertigkeiten entwickelte oder verfeinerte, ich heute zurückblicke und scherzhaft von meinen „verlorenen Jahren" spreche. Verloren deshalb, weil ich mich auf meiner Suche nach leichteren, effizienteren oder besseren Wegen, Dinge auszuführen, weiter und weiter von dem entfernte, was ich als die Wurzeln meines Pferdetrainings ansehe.

In der Vergangenheit hatten diese Wurzeln immer darauf basiert, eine Einfachheit in der Kommunikation mit dem Pferd zu entwickeln, nicht notwendigerweise durch eine leichte Technik. Damit meine ich beispielsweise, dass eine Fahne zu verwenden, um ein Pferd aus unserem persönlichen Raum hinauszubewegen, ein relativ leichter Weg sein kann, das Ziel zu erreichen, es aber nicht notwendigerweise ein einfacher ist. Einfach wäre es, dem Pferd dabei zu helfen zu verstehen, dass es sich aus diesem Raum hinausbewegen soll, und zwar indem es einfach nur eine bestimmte Bewegung oder Energie in unserem Körper sieht oder fühlt. Die Fahne auftreiben zu müssen, die Fahne herumzutragen und dann die Fahne zu benutzen, um dasselbe Ziel zu erreichen, ist nicht einfach.

Ich nehme an, es verhält sich ähnlich wie bei der Idee, dass die kürzeste Entfernung zwischen zwei Punkten eine gerade Linie ist. Mit anderen Worten, warum Zwischenschritte in einen Prozess einführen, der stark vereinfacht werden kann? Bevor ich fortfahre, muss ich betonen, dass meine Aussagen hier in keinster Weise eine Kritik an irgendjemandem darstellen, der irgendeines der Werkzeuge oder irgendeine der Techniken anwendet, die ich oben erwähnte. Tatsächlich hat dies nichts mit irgendjemand anderem zu tun oder damit, was andere tun oder wie sie es tun. Es hat zu tun mit meiner eigenen Reise und den Dingen, die ich wichtig finde im Hinblick auf die Ziele, die ich hoffe eines Tages zu erreichen.

Für mich hat das Ziel, ein Pferdemensch zu werden, viel weniger mit Werkzeugen und Hilfen zu tun als mit der Verfeinerung des Selbst. Ich glaube, dass durch Selbstverfeinerung nicht nur die Werkzeuge und Hilfen, die wir verwenden, an Wichtigkeit verlieren, sondern überdies auch der Menge an Werkzeugen und Hilfen, die wir verwenden, nicht mehr so viel Bedeutung zukommen wird.

Auf einem noch nicht lange zurückliegenden Kurs hatte ich die Gelegenheit, mit einer Reiterin zu arbeiten, die hoffte, ihr Pferd in der Dressur starten zu können. Jedoch kämpften die beiden mit einer Reihe von vorgeschriebenen Lektionen, nicht zuletzt ein sauberes

Schenkelweichen fiel ihnen schwer. Als die Reiterin und ich uns darüber unterhielten, woran sie während der Stunde arbeiten wollte, fragte ich sie, welche Hilfen sie derzeit verwendete, um ein Schenkelweichen von ihrem Pferd zu erhalten.

Die Dame setzte sich im Sattel auf, blickte geradeaus und begann eine Litanei von Schritten zu rezitieren.

„Ich verwende leicht verstärkten Druck mit meinem Unterschenkel und Sitzbein auf derselben Seite," sagte die Frau. „Ich sitze ein wenig schwerer auf dem inneren Sitzbein, mit meinem inneren Bein gerade hinter dem Sattelgurt. Dies sollte die Hinterhand vorwärts und seitwärts gleichzeitig aktivieren."

„Ok…" begann ich.

„Ich gebe diese Hilfe in dem Moment, in dem das innere Hinterbein vom Boden abgehoben wird, um einen Vorwärts-Seitwärts-Schritt anzuregen," fuhr sie fort. „Dazu bewege ich mein Außenbein in eine verwahrende Position hinter den Gurt, um sie daran zu hindern, ihre Hinterhand zu weit seitwärts zu bewegen und gleichzeitig die Vorwärtsbewegung zu erhalten."

„Ich verstehe."

„Mein inneres Bein treibt, während das äußere Bein kontrolliert." Sie zögerte eine Sekunde, als ob sie versuchte, sich an den Rest zu erinnern.

„Ich führe die Vorhand die Bande entlang mit dem Außenzügel. Durch meine Unterstützung mit dem äußeren Bein sollte ich in der Lage sein, sie davon abzuhalten, sich vom inneren Bein abzuwenden. Der unterstützende Außenzügel verhindert jedes Ausfallen über die äußere Schulter."

Diesmal wartete ich ab, ob da noch mehr käme. Da kam mehr.

„Letztlich versuche ich, sie in die andere Richtung zu biegen und ihre Vorhand in einer sanften Wendung mit ihrer Hinterhand auszurichten." Sie wandte sich schließlich um und blickte zurück hinunter zu mir. „Ihre Hinterbeine sollten ihren Vorderbeinen auf derselben Linie folgen." Sie lächelte.

„Ok", nickte ich. „Und wie geht es euch beiden so mit all dem?"

„Nicht sehr gut."

„So weit, so gut", nickte ich wieder." Also versuchen wir etwas ein wenig anderes."

„Ok."

„Lassen wir sie zum Ende des Platzes traben", begann ich. „Wenn du am Ende angekommen bist, bringst du sie in diese Richtung zurück, durch die Mitte der Bahn. Wenn du möchtest, dass sie mit ihrem Schenkelweichen beginnt, ist alles, das ich von dir möchte, dass du, sobald ihr rechtes Hinterbein den Boden verlässt, daran denkst, dass jener Fuß unter ihrem Körper hindurchgeht und unter deinem linken Bein landet."

„Im Trab?" fragte sie.

„Ja, im Trab. Es könnte einfacher für sie sein, wenn sie ein wenig Schwung hat."

„Keine Schenkelhilfe?"

„Nicht, wenn du es vermeiden kannst."

„Ok." Sie klang unsicher.

Sie trabte ihre Stute ans andere Ende des Platzes und wandte sich wie verlangt zurück durch die Mitte der Bahn und kam zurück in meine Richtung. Nach ein paar Schritten, um die Stute geradezurichten, begann das Paar mühelos seitlich nach links zu weichen, die Richtung des Schenkelweichens.

„Wow," die Dame strahlte. „Sie macht es! Und ich verwende keinerlei Schenkel!"

„Da siehst du's", sagte ich, als sie dahinritt. „Einfach."

„Jepp." Sie lachte immer noch. „Aber es war nicht leicht."

„Das habe ich auch nicht gesagt", zuckte ich mit den Achseln. „Aber ich wette, wenn du es noch ein paar Mal machst, wird es das."

Nach zwanzig Minuten vollführten die beiden mühelos schönes Schenkelweichen auf beiden Händen, ohne dass die Reiterin auch nur irgendeinen merklichen Schenkeldruck einsetzte.

In diesem Fall waren es nicht so sehr die Werkzeuge, die die Kommunikation zwischen Pferd und Reiterin erschwerten, als die Anzahl an Hilfen, die eingesetzt wurden und die die Reiterin im Auge behalten musste. Derart viele Hilfen einzusetzen, um eine Sache zu erreichen ist für mich, als ob man einen Nagel in ein Brett bekommen wollte und wir den Nagel und das Brett haben. Nun brauchen wir noch ein Werkzeug, um die beiden zu verbinden.

Meine Wahl fiele vermutlich auf einen Hammer. Dieser, zusammen mit der Fähigkeit, ihn richtig zu verwenden, würde den Nagel so einfach und effizient wie möglich ins Brett bringen. Meine Wahl fiele vermutlich *nicht* auf einen Hammer, an dessen Griff ein Schraubenschlüssel angesetzt wäre und eine Zange, die den Schraubenschlüssel hält, dazu einen Magneten, der den Nagel aufrecht hält, fixiert durch eine Zwinge, wobei zwei Teenager die Zwinge halten. Natürlich wäre nichts davon einfach oder leicht, aber Sie verstehen wahrscheinlich, worauf ich hinauswill.

Die Neigung, Dinge verkomplizieren zu wollen ist nicht neu in der Reiterei. Dies passiert schon seit einiger Zeit und nicht selten sind die Leute, denen beigebracht wurde, wie man Dinge verkompliziert, genau diejenigen, welche diesen Zustand nun aufrechterhalten. Aber ich glaube noch häufiger verkompliziert der Lehrer die Dinge, um dem Schüler so richtig zu zeigen, welche Menge an Fachwissen er hat. Wiederum, dies ist keine Kritik, sondern eher eine Beobachtung, und um ehrlich zu sein, bin ich mir nicht sicher, ob irgendjemand dagegen immun ist.

Ich erinnere mich, dass vor Jahren, als ich begann, Kurse abzuhalten, eine Teilnehmerin zu mir kam und wissen wollte, wie man eine Wendung auf der Hinterhand mit ihren Pferd macht. Zu jener Zeit war ich neu in der Kursszene und es gab eine Menge Leute in meinen Kursen, meistens Zuschauer, die scheinbar nur teilnahmen, um zu hinterfragen, warum ich die Dinge nicht ähnlich machte wie andere Kursleiter es taten. Während dieser Zeit stellte ich fest, dass meine „einfachen" Erklärungen bestimmter Bewegungen oder Aufgaben mit Stirnrunzeln entgegengenommen wurden oder manchmal überhaupt mit gänzlichem Unglauben. Unglaube, weil die Art und Weise, in der ich etwas beschrieb, so simpel war, dass die Leute sich nicht vorstellen konnten, wie das auch nur irgendwie funktionieren könnte, obgleich wir wieder und wieder gezeigt hatten, dass es funktionierte.

So kam es, dass ich mich manchmal dabei ertappte, wie ich versuchte, meine Erklärungen für Dinge ein wenig komplizierter zu machen als es in Wahrheit notwendig gewesen wäre. Als nun diese Teilnehmerin darum bat, ihrem Pferd beizubringen, wie man eine Hinterhandwendung machte, war meine Erklärung derart langwierig und verklausuliert, dassich sie am Ende sogar selbst nicht verstand! Die Teilnehmerin, was ihr zur Ehre gereichte, lauschte still, während ich sämtliche Informationen präsentierte, das meiste davon sinnlos, und wartete, bis ich aufgehört hatte, bevor sie bescheiden sagte: „Ich glaube nicht, dass ich das schaffe."

Ich stand ein paar Sekunden da und versuchte mich an alles zu erinnern, das ich gesagt hatte, bevor ich zu ihr aufblickte. „Ich glaube, ich könnte es auch nicht." sagte ich und die Leute im Publikum gaben einen Lacher von sich, welcher klang, als ob sie ebenfalls erleichtert wären, das zu hören.

„Also machen wir stattdessen Folgendes", ich lächelte. „Frage dein Pferd, ob es sich ein wenig auf seine Hinterhand verlagert und sobald er das macht, legst du vorsichtig den rechten Zügel auf seinen Hals und sieh was passiert." Die Frau führte meinen Vorschlag exakt aus und ihr Pferd zeigte eine der schönsten Wendungen auf der Hinterhand, die ich je gesehen hatte. Einfach.

An jenem Tag lernte ich eine sehr wertvolle Lektion: Den Leuten ist es einerlei, wie viel du weißt, es geht nur darum, ob du ihnen und ihrem Pferd helfen kannst oder nicht. Die präsentierte Information zu verdichten und sie spezifisch zur anstehenden Aufgabe zu belassen (ob wir Pferde oder Menschen unterrichten) bildet wirklich den Schlüssel, um Dinge verständlich zu halten, was im Gegenzug eine relativ leichte Erreichbarkeit erzeugt. Es ist die leichte Erreichbarkeit des Ziels, die ruhiges Lernen erlaubt.

Das soll nicht heißen, dass es nicht Zeiten gibt, in denen die Umstände, mit denen wir konfrontiert werden, ruhiges Lernen einfach nicht zulassen (zumindest anfangs). Manchmal kann beispielsweise ein traumatischer Hintergrund ein Pferd sich sträuben lassen. Manchmal kann es unser Versuch sein, ein erlerntes unerwünschtes Verhalten zu ändern oder umzuwandeln, welches so stark verankert ist, dass das Pferd nicht annimmt, es ändern zu können. Ein anderes Mal können es physische Gründe oder schlecht passende Ausrüstung sein, die ein Pferd dazu bringen, abwehrend oder überempfindlich auf selbst die einfachsten Anfragen zu reagieren, und wieder ein anderes Mal überdeckt eine tief sitzende Furcht, wie etwa die, ein Gewässer zu überqueren oder in einen Hänger zu steigen, die Fähigkeit des Pferdes, seinen Weg aus einer Situation herauszufinden.

All das sind Dinge, mit denen die meisten Pferdeleute (ich inklusive) schon einmal konfrontiert worden sind, wie ich glaube. Wenn wir solchen Pferden helfen, sich besser zu fühlen, hängt das Maß an Erfolg, das wir erreichen üblicherweise direkt damit zusammen, wie einfach wir unsere Anfrage formulieren können, wie konsequent wir mit unserer Anfrage sind und wie veränderungswillig das Pferd ist. Manchmal fallen alle diese Dinge zusammen und manchmal tun sie das nicht. Wenn sie nicht zusammenfallen, lernen wir für gewöhnlich am meisten von ihnen, über sie und, am wichtigsten, über uns selbst.

So kann ich über die Jahre zurückblicken und sehe, dass es nahezu jedes Mal, wenn die Dinge in einer Übungseinheit nicht sehr rund liefen, für gewöhnlich daran lag, dass ich die Einfachheit aufgegeben hatte. In jedem einzelnen dieser Fälle kann ich mich lebhaft an jenen Punkt erinnern, an dem ich die Situation komplizierter werden ließ als sie es hätte sein sollen. Immer wenn das passierte, eskalierten die Dinge, Emotionen liefen aus dem Ruder und ruhiges Lernen flog zum Fenster raus.

Im Vergleich dazu erinnere ich mich an die Zeit, als ich für den alten Mann arbeitete, in welcher die Dinge auf seinem Hof größtenteils immer sehr ruhig und friedlich liefen. Dies hatte zum Teil, da bin ich mir sicher, damit zu tun, dass er generell ziemlich unerschütterlich war und ihm von daher nur sehr wenige Dinge Sorgen zu bereiten schienen. Oder zumindest wusste ich nichts davon, falls ihm doch etwas Sorgen machte. Doch darüber hinausgehend, mit dem Älterwerden beginne ich auch zu verstehen, dass ein großer Teil der Ruhe an seinem Ort außerdem mit Einfachheit zu tun hatte. Da ist eine Ruhe in Einfachheit, und er hielt die Dinge immer einfach.

Außer in jenen wenigen Jahren des Experimentierens – in welchen meine Trainingsmethoden zugegebenermaßen ziemlich vertrackt geworden waren – habe ich mich ebenfalls zu allererst darauf verlassen, die Dinge so einfach wie möglich zu halten und daher auch so ruhig wie möglich. Ich bin mir nicht sicher, ob dies eine bewusste Entscheidung meinerseits gewesen war es war einfach nur das, was sich für mich immer richtig angefühlt hatte. Verstehen Sie mich nicht falsch. Ich behaupte nicht, dass jene anderen Methoden, von denen viele bei anderen gut funktionieren, notwendigerweise schlecht sind, denn das sind sie nicht. Es ist nur so, dass das Fühlen, während ich etwas mit der geringsten Menge an Aufwand, Energie und Ausrüstung vollbringe, mir immer entsprochen hat. Ich bin nicht sicher, ob es daran liegt, dass ich damit quasi aufgewachsen bin in all jenen

Jahren des Arbeitens mit Walter, oder ob es nur meiner angeborenen Natur folgt. Wie dem auch sei, es entspricht mir.

Vor einer Weile führte ich eine Unterhaltung mit jemandem bei einem Kurs über meine Zeit mit Walter. Die Person fragte, ob meine heutige Arbeit mit Pferden ein Versuch sei, sich seine Stiefel anzuziehen. Es war eine interessante Frage und eine, über die ich noch nicht nachgedacht hatte. Jedenfalls, nachdem ich ein paar Minuten über sie nachgedacht hatte, war die Antwort, auf die ich mich festlegte, nein. Sehen Sie, es gibt keinen Grund, Walters Stiefel anzuziehen, denn sie sind schon einmal angezogen worden. Sie müssen nicht noch einmal angezogen werden.

Dies bedeutet freilich nicht, dass die Art und Weise meiner heutigen Arbeit, diese Suche nach ruhiger Einfachheit, nicht meinem Lehrer aus lange vergangener Zeit gewidmet ist, denn sie ist es zweifellos. Das ist ein Faktum. Doch wenngleich er mir die „Schuhe" gab, die ich heute trage und mich auf den Weg brachte, auf dem ich mich heute befinde, verankerte er in mir, vermutlich ohne es überhaupt zu wissen, dass es letztlich meine Verantwortung ist, mir *meine eigenen* Stiefel anzuziehen, genauso wie es meine Verantwortung ist, auf *meinem eigenen* Weg zu bleiben.

Und ich nehme an, zu guter Letzt ist es einfach so einfach… nur ist es einfach nicht immer so leicht.

Fühlen

Mein Vater war ein sehr talentierter Athlet. In den späten 1940ern spielte er bei einer semiprofessionellen Basketballmannschaft, welche beinahe die Harlem Globetrotters schlug (das war zu der Zeit, als die Globetrotters noch gegen echte Basketballteams spielten) und durfte zur Probe zu den New York Yankees als zweiter Baseman. Unglücklicherweise hatte er genau vor dem Probetraining eine Notfall-Mandel-OP; er spuckte Blut während der gesamten drei Tage, die er dort war, also schickten sie ihn wieder zurück.

Ich erinnere mich, wie ich zusah, als er in den drei Ligasportarten spielte, die damals für Amateure in meiner Heimatstadt üblich waren: Basketball, Softball und Flag Football[5]. Er spielte in allen drei

---

5 Anm. d. Übers.: „Wesentlicher Unterschied zum American Football ist, dass die Verteidigung den ballführenden Angreifer stoppt, indem sie ihm ein Fähnchen (Flag) aus dem Gürtel zieht, statt eines körperlichen Tacklings wie im American Football." http://de.wikipedia.org/wiki/Flag_Football; 2015

gut, aber *wirklich* gut war er in den Spielen, die er als „seine“ Spiele bezeichnete: Basketball und Softball.

Es war faszinierend, ihm damals zuzuschauen, besonders, wenn er Basketball spielte. Er war sehr rasch in seinen Handbewegungen, schnell auf seinen Beinen, hatte erstaunlichen Überblick und Kontrolle über das Geschehen und einen fantastischen Wurf aus fast jeder Position. Ich weiß nicht, wie oft ich gesehen habe, wie er einen Abpraller vom gegnerischen Korb aufnahm, mit voller Geschwindigkeit bis ans Ende des Spielfelds hinunterdribbelte, dort auftauchte und den perfektesten Wurf aus dem Sprung heraus in den Korb seines eigenen Teams gleiten ließ.

Seine Würfe schienen oft der Schwerkraft zu widerstehen. Sie hingen in der Luft, weit oberhalb der Reichweite des Verteidigers und fielen dann plötzlich durch das Netz, als führte sie eine unsichtbare Kraft. Manchmal rauschte der Ball mit einem zischenden Ton durch das Netz, manchmal lautlos. Ebenso verhielt es sich, wenn er das Brett hinter dem Korb verwendete, um seine Würfe mit dessen Unterstützung ins Netz zu bringen. Während viele der Würfe der Spieler vom Brett wegprallten und beim Zusammenstoß ein krachendes oder dröhnendes Geräusch erzeugten, machten die Brettwürfe meines Vaters beinahe nie auch nur irgendeinen Lärm.

In starkem Gegensatz dazu stand jedoch, wie er einen Ball mit dem Schläger traf, wenn er Softball spielte. Vater war ein sogenannter „Power Hitter“, und während seiner Softballkarriere erzielte er monströse Homeruns unter jedem Werfer, auf den er traf. Tatsächlich ergriff einer der Werfer Jahrzehnte später das Wort, als mein Vater in die staatliche Softball-Ruhmeshalle aufgenommen wurde (der Werfer war dort selbst bereits wegen seiner Rekord-Strikeout-Quote geehrt worden), und sagte, Vater sei der einzige Schlagmann, den er wirklich fürchtete. Er erzählte, dass er nicht nur keinen Strikeout gegen meinen Vater erzielen konnte, sondern dass er außerdem wann immer er den Ball auf ihn geworfen hatte, wusste, dass die Chancen über dem Durchschnitt lagen, dass er bald dastehen und hilflos dabei zusehen würde, wie der Ball über den Außenzaun der Anlage flog.

Ich fand es erstaunlich, dass derselbe Mann, der einen Basketball so anmutig durch das Netz gleiten lassen konnte, ebenso jene Art von massiver Kraft mit einem Baseballschläger entfalten konnte. Als ich dann älter wurde, begann er mir die Feinheiten in der Art und Weise diese Spiele zu spielen beizubringen und ich fing an, den Unterschied zu verstehen.

Beim Basketball verwendete er etwas, das er als „Berührung" bezeichnete. Dies bedeutet gerade jene Menge an Anstrengung, die nötig ist, um den Ball die entsprechende Entfernung überbrücken zu lassen und ihn gleichzeitig noch durch das Ziel zu senden. Bei „Berührung", wie ich es verstand, ging es ganz um die Disziplinierung von Geist und Körper.

Für meinen Vater begann die Entwicklung von „Berührung" als Kind. Er verwendete Socken, die seine Mutter zusammengelegt hatte, indem er sie nahm und einen in den anderen steckte, was einen kleinen Ball erzeugte, und diesen warf er in die kleine dreiecksförmige Öffnung, die sich zwischen der geöffneten Tür und der Wand oben auftat. Er erzählte mir, er hätte stundenlang auf seinem Bett gesessen und die zu Bällen verwandelten Socken über die Tür und in die Öffnung befördert. Er entdeckte, dass umso mehr danebengingen, je heftiger er sie warf. Je sanfter er sie warf, umso eher landeten sie im Spalt. Der Erfolg lag in Selbstbeherrschung und Übung.

Als er älter wurde und anfing, mit seinen Freunden auf dem Spielplatz Basketball zu spielen, verwendete er dasselbe Prinzip, den Ball fließen zu lassen, statt ihn zu schmettern, und bemerkte, dass es ebenso gut funktionierte. Er nahm das Konzept mit auf das Basketballfeld in der Mittelschule und wiederum in seine semiprofessionelle Spielzeit. Sogar mit über sechzig war er immer noch in der Lage, meine

Brüder und mich (allesamt fähige Spieler) im „Horse" Basketball[6] zu schlagen, wenn wir in der Hauseinfahrt, mit dem Netz an der Garage montiert, spielten.

Im Gegensatz dazu ging es bei einem Homerun auf dem Baseballfeld um den fokussierten Einsatz von Kraft. Oft erzählte er mir, dass es nicht darum ginge, den Ball hart zu treffen; es ging darum, ihn korrekt zu treffen. Und Korrektheit hatte in erster Linie mit Selbstbeherrschung zu tun. Natürlich kamen Technik und Mechanik zum Zug, doch selbst mit guter Technik und Mechanik, ohne die Selbstbeherrschung und Wahl des richtigen Zeitpunkts, welche notwendig sind, um den Schläger am rechten Ort zum rechten Zeitpunkt zu platzieren, um Kontakt mit dem Ball herzustellen, kann der Schlag genauso gut glücken wie danebengehen.

Natürlich erzielte Vater nicht mit jedem Schlag einen Homerun. Niemand schafft das. Doch andererseits ging ihm auch nicht viel daneben. Tatsächlich kann ich mich nicht an einen Werfer erinnern, und das waren so einige in all den Jahren, in denen ich ihm beim Spielen zuschaute, dem ein Strikeout gegen ihn gelungen wäre. Woran ich mich jedoch erinnern kann ist die Art und Weise, in der er einen Ball auf dem Feld platzieren konnte, nachdem er ihn geschlagen hatte. Ungeachtet des Wurfs schien es, wenn er den Ball nicht gerade

---

6 Anm. d. Übers.: „Horse" Basketball geht folgendermaßen vonstatten: Man einigt sich auf eine Abfolge der Spieler. Spieler 1 versucht, den Ball von irgendwo am Platz aus mit irgendeiner Technik ins Netz zu bringen. Gelingt ihm das, ist Spieler 2 an der Reihe und muss vom selben Ort und in derselben Art und Weise versuchen, den Treffer zu erzielen usw. bis zum letzten Spieler. Gelingt einem Spieler der Korb nicht, kann der jeweils auf ihn folgende Spieler Ort und Technik wählen und somit die Vorgaben für die anderen Spieler treffen. Für jeden nicht erzielten Treffer wird dem Spieler der nächste Buchstabe des Wortes „Horse" in seinem Spielstand hinzugefügt, also fängt man bei leerem Spielstand an, dann „H", dann „HO", etc. Sobald ein Spieler bei „HORSE" landet, ist er aus dem Spiel. Der letzte im Spiel Verbleibende gewinnt.

aus dem Spielfeld schlug, dass er ihn an einem Ort fallenließ, zu dem die gegnerischen Feldspieler nicht gelangen konnten.

Wenn die äußeren Feldspieler sich beinahe bis zum Zaun zurückzogen und sich dort verteilten, ließ Vater den Ball knapp außerhalb der Reichweite der Innenspieler und vor den Außenspielern fallen, um einen Base Treffer zu erzielen. Bewegten sich die Außenspieler in Richtung des Innenfeldes, führte er den Ball über ihre Köpfe hinweg für einen Doppel- oder Dreifachpunkt. Bewegte sich das Außenfeld nach rechts, traf er links, verlagerten sie sich nach links, traf er nach rechts. Sollte sich im Innenfeld eine Lücke in der Verteidigung auftun, würde er genau diese erwischen. Entfernte sich das Innenfeld, schlug er kurz. Kamen sie ihm näher, schlug er über ihre Köpfe hinweg.

Er hatte als Schlagmann völlige Kontrolle über das Feld, und die meisten gegnerischen Mannschaften wussten das. Er verfügte über die gleiche Art von Kontrolle auf dem Basketballplatz. Er schien zu wissen, wo jeder einzelne war, ob es seine eigenen Spieler waren oder die des anderen Teams. Tatsächlich schien er in der Lage zu sein, vorherzusehen, wo die Leute zu jedem beliebigen Zeitpunkt sein würden, was es mühelos aussehen ließ, wenn er einem Gegner einen Ball abnahm oder einem Mitspieler zupasste.

Seine Spezialität und etwas, das die Menge immer zu begeistern schien, waren seine „blicklosen“ Pässe zu einem Mitspieler. Er fuhr das Spielfeld hinunter, Verteidiger vor ihm, blickte nach rechts und warf dann einen Pass nach links. Oft warf er einen Pass auf eine freie Fläche des Spielfelds, auf der sich weder Spieler des einen noch des anderen Teams befanden, doch dann, gerade als der Ball am von ihm bestimmten Ort landete, war einer seiner Mitspieler plötzlich da, erhielt den Pass und ging auf einen einfachen Auflеger oder Wurf aus dem Sprung.

Nach einem dieser Spiele, in welchem er eine Reihe seiner blicklosen Pässe geworfen hatte, fuhren wir in unserem großen Oldsmobile nach Hause und ich fragte ihn, woher er ohne hinzuschauen wusste, wohin er den Ball werfen sollte. Er erzählte mir, dass er es oft nicht wirklich wusste bis zu jenem Punkt, an dem er den Ball tatsächlich passte. Er sagte, dass sich die Situation auf dem Platz vor ihm so rasch entwickelte, dass sobald er nach den Leuten Ausschau hielt, um zu sehen, wo sie sich befänden, egal ob es sich um seine Mitspieler oder Mitglieder der anderen Mannschaft handelte, er mit seinen Pässen beinahe immer zu spät dran war. Doch wenn er *fühlen* konnte, wo seine Spieler waren oder wo sie sein würden, waren die Pässe ein Leichtes.

Er sagte, es war dasselbe, wenn er Baseball spielte. Er konnte sehen, wo die gegnerischen Feldspieler waren, wenn er zum Abschlagpunkt ging, doch er konnte auch fühlen, wo sie sein würden, sobald der Ball seinen Schläger verließ. Zu jener Zeit hatte ich Schwierigkeiten zu verstehen, was er meinte, wenn er das Wort *Fühlen* verwendete, um zu beschreiben, wie er in der Lage war zu wissen wohin er einen Pass werfen sollte oder wo die äußeren Feldspieler sein würden. Dies lag an meinem begrenzten Verständnis des Wortes *Fühlen*, welches das Bild einer physischen Berührung von etwas heraufbeschwor, was er offensichtlich ja nicht tat. Daher war es schwierig für mich zu verstehen, wie er nicht nur jemanden *fühlen* konnte, der nirgendwo in seiner Nähe war, sondern auch noch *fühlen* konnte, wohin diese Leute gehen würden!

Es sollte Jahren dauern, bevor ich dieses relativ abstrakte Konzept von Fühlen begriff, und noch weitere Jahre, bevor ich die vielen Anwendungen des Konzepts sehen konnte, wenn es um Pferde ging.

Wie ich erwähnt habe, wenn wir Fühlen in Bezug auf die Reiterei diskutieren, nehmen die meisten von uns automatisch an, wir sprächen über das Gefühl zwischen uns und dem Kopf des Pferdes oder dem Maul über einen Zügel oder einen Strick. Wenngleich dies sicher die gebräuchlichste Bedeutung ist, ist es keineswegs die einzige. Eine andere Form von Fühlen ist die Art, von der ich glaube, dass sie mein Vater beim Basketball benutzte. Es ist die Art, in der wir aus unserer Natur heraus die Präsenz oder sogar die Absicht eines anderen Individuums wahrnehmen, obwohl wir vielleicht gar nicht in direktem Kontakt mit ihnen sind.

Was Pferde angeht, wurde mir diese Art des Fühlens vor einiger Zeit bewusst, als ich einem Freund auf dem Hof, den er leitete, aushalf. Wir machten gerade Feierabend nach einem Tag, an dem wir sein Vieh in das Hochland auf die Sommerweide getrieben hatten. Die Fahrt dorthin dauerte fünf Stunden in einer Richtung und weil wir am Morgen spät angefangen hatten war es bereits später Nachmittag, als wir uns auf den Rückweg machten.

Ungefähr auf halber Strecke zwischen der Ranch und der Weide gab es eine Fläche, die einem Nachbarrancher gehörte mit einem ziemlich gutdimensionierten Pferch, in dem gutes Gras wuchs und in dem es einen immer gefüllten Wassertank gab. Zudem war er mit Hängern gut zu erreichen. Als wir dort vorbeikamen, waren unsere Pferde schon zusehends erschöpft, also rief mein Freund auf der Ranch an und bat einen Mitarbeiter, uns mit dem großen Viehtransporter abzuholen.

Da es fast eine Stunde dauern würde, ehe der Transporter da wäre, entschieden wir uns abzusatteln und die Pferde in den Pferch zu bringen, sodass sie essen, trinken und sich wälzen konnten. Wir waren zu fünft auf dem Viehtrieb und hatten in der Vergangenheit schon alle zusammengearbeitet. Doch nachdem wir alle auf Pferden unterwegs waren, die sich untereinander neu waren, dachten wir, es wäre klug, ein Auge auf sie zu haben, nachdem wir sie im Pferch freigelassen hatten.

Wie erwartet beschnupperten sich die Pferde, alles Wallache, quietschten ein wenig und gingen dann ihren eigenen Angelegenheiten nach. Ein paar von ihnen wälzten sich auf einer erdigen Stelle in der Mitte des Pferchs, einer ging zum Wassertank und trank ausgiebig und die anderen gingen dazu über, das trockene Gras zu mümmeln. Binnen einiger Minuten hatten sich alle eingefügt und friedlich grasend über den Pferch verteilt.

Als ich daneben unter einem Baum saß und die Pferde beobachtete, fiel mir plötzlich etwas auf. Chub, ein großer Paint, und Rocket, ein Brauner, schienen eine Art von Diskussion zu führen. Während sie mit gesenkten Köpfen aßen, warf Chub einen Blick in Rockets Richtung und Rocket bewegte sich im Gegenzug in Chubs Richtung. Chub drehte seine Nase ein wenig weg und Rocket schuf ein Haarbreit mehr an Platz zwischen ihnen. Machte Rocket einen Schritt vorwärts, so tat dies auch Chub. Bewegte sich Rocket zur Seite, so auch Chub.

Dies ging eine Weile so, wobei sich das Paar auf einem relativ großen Kreis um einen imaginären Mittelpunkt bewegte, gerade so wie sich zwei Preisboxer gegenseitig in der Mitte eines Rings abchecken. Bei oberflächlicher Betrachtung wäre einem nichts Besonderes an ihrem Verhalten aufgefallen. Beide fraßen ruhig und erschienen äußerlich so, als ob keiner von beiden wüsste, dass der andere existierte. Doch wenn man sie einige Zeit beobachtete wurde klar, dass sie sich in der Tat des jeweils anderen sehr genau bewusst waren.

Ich fuhr fort, das Paar in seinem delikaten kleinen Tanz zu beobachten und bemerkte, dass Rockets Hinterhand immer ein kleines bisschen Chubs Gesicht zugewandt war und Chub seine Vorhand immer ein wenig in Richtung von Rockets Hinterhand behielt. Sobald Chub den Winkel seiner Nase in Bezug auf Rocket veränderte, würde Rocket seine Hinterhand entsprechend anpassen. Wich Chub leicht zurück, so tat das auch Rocket.

Es war wirklich faszinierend mitanzusehen. Außer der offensichtlichen Vorwärts- und Kreisbewegung war der Rest ihres Tuns extrem subtil. Tatsächlich war es so subtil, dass es aussah, als ob das meiste ihrer Kommunikation mit wenig mehr als einem Blick in diese oder jene Richtung geführt wurde. Es war, als ob sie sich gegenseitig allein über die Bewegung eines Auges fühlen konnten. Dann, desto länger ich beobachtete, umso mehr bemerkte ich, dass es nicht nur Chub und Rocket waren, die diese Diskussion führten, sondern vielmehr alle Pferde im Pferch exakt dasselbe machten.

Einer würde ein Auge in diese Richtung bewegen und eine Reaktion vom Pferd zu seiner Rechten erhalten. Dann würde er sein Auge vielleicht in jene Richtung bewegen und eine Reaktion vom links stehenden Pferd erhalten. Sie schienen sich gegenseitig zu fühlen und ihre Abstände über diese Blicke konstant zu halten.

Es war in diesem Moment, als ich zu verstehen begann, wovon mein Vater sprach, wenn er sagte, er könne die Leute um ihn herum auf dem Basketballplatz *fühlen*. Diese Pferde machten dasselbe. Sie *fühlten* sich gegenseitig ohne Berührung. Doch noch wichtiger war, dass sie jenes Fühlen nicht nur aussandten, wie wir es tun würden, wenn wir versuchten uns durch einen dunklen Raum zu navigieren – Arme vor uns ausgestreckt, während wir vorwärtstapsen. Vielmehr empfingen sie jenes Fühlen auch, wie es mein Vater erwähnte zu tun. Mit anderen Worten, mein Vater sagte nicht, er *fühlte* FÜR seine Gegenspieler (wie sich jemand durch jenen dunklen Raum tastet), sondern dass er sie *fühlte*, in der Art wie ein Radioempfänger das Signal eines weit entfernten Turms empfängt.

Für mich ist dies der Schlüssel zum Fühlen. Es geht nicht nur darum, eine bestimmte Energie an ein Pferd über einen Strick oder Zügel oder sonst etwas zu senden. Es geht auch darum, offen zu sein, die Energie des Pferdes zu empfangen. Fühlen ist eine Straße mit Gegenverkehr, ein Austausch von Information, nicht nur ihr Versand.

Nachdem ich die Wallache im Pferch an jenem Tag beobachtet hatte, begann ich über etwas nachzudenken, das ich immer schon seit ich ein Kind war gefühlt hatte, wenn ich von Pferden umgeben war. Von Pferden umgeben zu sein hatte einen sehr positiven Einfluss auf mich. Ich konnte beispielsweise einen schlechten Tag haben und in eine Pferdekoppel gehen und ich fühlte mich beinahe automatisch besser. Obwohl ich im Laufe der Jahre viele Pferdeleute darüber, wie sie sich fühlen, wenn sie von Pferden umgeben sind, dasselbe habe sagen hören, verwendete ich nicht wirklich viele Gedanken darauf, warum das so sein könnte.

Dann, an einem Nachmittag während eines unserer einwöchigen Kurse vor ein paar Jahren, machten sich einige der Kursteilnehmer und ich auf, die Koppel abzuäppeln, auf der sich unsere kleine Herde von, ich glaube, sechs Pferden befand. Die Pferde hielten sich alle in der Mitte der Koppel auf und knabberten an den Heuballen, die wir ihnen Minuten zuvor hinausgebracht hatten, und wir sammelten Mist am Rand in der Nähe des Zauns. Es war ein langer, heißer Tag gewesen und die Leute, die mir beim Saubermachen halfen, waren alle ziemlich müde und daher eher still.

Ich war ebenfalls ziemlich müde und wie ich mich bei der Arbeit so entlang der Außenseite der Herde bewegte, war mein Gefühl der Ermattung recht stark. Sobald ich mich jedoch in den quasi aufgebrochenen Kreis hineinbewegte, welchen die Pferde formten, als sie bei den verschiedenen Heuballen standen, begann ich mich beinahe sofort besser zu fühlen. Das soll nicht heißen, dass ich nicht immer noch müde war, denn das war ich. Aber ich fühlte mich besser – leichter, oder vielleicht offener.

Als die Leute, die mir halfen, sich in den Kreis hineinbewegten, begannen sie zu sprechen und miteinander zu scherzen. Außerdem machte sich jeder bzw. jede auf den Weg zu einem der Pferde und tätschelte es (was ich ebenfalls gemacht hatte). Sobald ich den Kreis verließ, begann das Gefühl der Mattigkeit das leichtere, offenere Gefühl zu überdecken, welches ich soeben erfahren hatte. Die anderen Leute wurden ebenfalls wieder ruhiger und gedämpfter, so wie sie den Kreis verließen.

Nachdem jeder diese Koppel verlassen hatte und sich zur nächsten begab, die zu reinigen war, ging ich noch einmal in den Kreis zurück. Und wieder, beinahe sofort nachdem ich mich unter die Herde gemischt hatte, begann sich jenes Gefühl der Leichtigkeit einzustellen. Bedenken Sie, dass worüber ich hier spreche nicht irgendeine Riesenwelle war, die auf die Küste rauscht, denn das war nicht annähernd so. Dies war subtil. Tatsächlich so subtil, wäre ich nicht so müde gewesen, ich hätte es vielleicht selbst nicht bemerkt. Immerhin war ich fast mein ganzes Leben lang unter Pferden gewesen und es war mir zuvor noch nicht wirklich aufgefallen!

Im Verlauf der nächsten paar Tage machte ich es mir zur Aufgabe, ganz genau darauf zu achten, wie ich mich fühlte, wann immer ich mich in einer Gruppe von Pferden befand; in jedem einzelnen Fall schien sich jene Art von leichter Offenheit einzustellen. Dies führte mich zur Überlegung, ob der Grund, warum Leute sich unter Pferden so wohlfühlen darin bestehen könnte, dass sie in ein Geflecht von unsichtbaren Verbindungslinien zwischen den Pferden eintreten, welches auf ihrem Fühlen füreinander basiert.

Das Bild, das ich im Kopf habe, um die „unsichtbaren Verbindungslinien", von denen ich spreche, zu beschreiben, ist das eines großen Espenhains. Wenn wir uns den Hain ansehen, erblicken wir einzelne Bäume, die zusammenstehen. Doch was wir nicht sehen ist der Untergrund, in welchem alle Bäume des Hains durch dasselbe Wurzelsystem verbunden sind. Obwohl die Bäume also voneinander getrennt scheinen, sind sie in Wirklichkeit ein einziges Wesen.

Doch wenn wir den Hain betreten, fühlen wir die Kühle des Schattens, wir atmen den Geruch der Bäume und wir hören das Rauschen der Blätter, wenn die Brise durch sie fährt. Kurz gesagt, sobald wir den Hain betreten, betritt der Hain auch uns. Natürlich können wir dem Hain auch sehr effektiv den Zutritt verwehren, indem wir uns einfach nach innen wenden und jene Ausblicke, Geräusche und

Gerüche ignorieren. In diesem Fall wird aus dem Hain einfach ein Haufen Bäume, durch den wir durchmüssen um dorthin zu gelangen, wo wir hin wollen.

Dasselbe gilt für das Fühlen, welches uns Pferde anbieten. Wir können entweder verschlossen und unsensibel demgegenüber sein, was sie uns senden und gedankenlos durch sie hindurch marschieren, um wenig mehr voranzukommen, oder, indem wir uns ein wenig öffnen und ihnen erlauben Teil von uns zu werden, das Fühlen, das sie anbieten, eintreten lassen.

Ich denke, wir hängen so sehr an der Vorstellung, etwas berühren zu müssen, um es zu fühlen, dass wir uns die geistige Flexibilität versagen, zu verstehen, dass wirkliches Fühlen nicht durch physischen Kontakt zustande gebracht wird. Es beginnt mit einer emotionalen Verfeinerung in uns selbst. Es ist jene Verfeinerung, die uns in die Lage versetzt, unsere Absichten zu senden (was in meiner Vorstellung Fühlen wirklich ausmacht) und zur selben Zeit heranströmende Absichten zu empfangen. Für mich bedeutet emotionale Verfeinerung nichts anderes als das Ego zu beschränken. Verstehen Sie mich nicht falsch; ein gesundes Ego ist eine gute Sache. Es ist eines der Dinge, die uns motivieren, unsere Sache gutzumachen und uns zu bemühen, besser zu werden. Wenn sich das Ego aber der Weiterentwicklung in den Weg stellt, bekommen wir ein Problem.

Ein Ego, welches uns erzählt, dass das Pferd eine bestimmte Aufgabe erfüllen muss, ein bestimmtes Manöver, eine Übung um jeden Preis, koste es was es wolle, wird sich sehr wahrscheinlich nicht nur unserer persönlichen Weiterentwicklung in den Weg stellen, sondern auch der des Pferdes. Ein Ego, welches uns erzählt, dass das Pferd zuhören sollte, während wir ignorieren, was das Pferd versucht zu sagen, stellt sich ebenfalls der Weiterentwicklung in den Weg. In Wahrheit kann ich, wie so viele andere Pferdeleute da draußen auch, gerade in diesem Punkt aus Erfahrung sprechen.

Worauf es bei *wahrem Fühlen* also, zumindest meiner Meinung nach, ankommt ist die Kunst aufmerksam zu sein, nicht nur dem zuzuhören, was unsere Pferde versuchen zu sagen, sondern auch auf sie zu hören. Es ist das Auf-sie-Hören, welches letztlich Verstehen fördert und das Verstehen, welches die Weiterentwicklung der Kommunikation unterstützt.

Schlussendlich ist es die Weiterentwicklung in der Kommunikation, was die Übermittlung von Absichten durch das Fühlen möglich macht, und es ist die Übermittlung von Absichten, was die Entwicklung einer Beziehung möglich macht.

Und ist letztlich *dies* nicht ohnehin die eine Sache, nach der die meisten von uns mit ihrem Pferd suchen?

Sanftheit

Wir alle sind bis zu einem gewissen Grad Produkte unserer Vergangenheit. Als solche besitzen wir eine Neigung, Dinge durch das Prisma unseres eigenen historischen Werdegangs zu betrachten, und jener Werdegang trägt viel dazu bei festzulegen, woran wir glauben, wie wir denken und was wir tun. Diese Eigenschaften, gemeinsam mit uns angeborenen Persönlichkeitsmerkmalen und anderen Informationen, die wir entlang des Weges aufnehmen, neigen dazu auszumachen, wer wir sind.

Ich glaube, man darf sagen, dass die Prinzipien und Ideale, an welche ich mich heute versuche zu halten, wenn es geht, was ich mit Pferden mache, in mir in sehr jungen Jahren geprägt wurden. Aber auf der anderen Seite der Medaille, denke ich, darf man ebenso sagen, dass ich damals nicht wirklich alles völlig verstand, was passierte und was ich sah und ebenso wenig was ich erfuhr.

Der kleine Pferdehof des alten Mannes hatte eine bestimmte Stimmung oder eine bestimmte Energie an sich. Er war ein Ort, an dem die Dinge die meiste Zeit über ruhig verliefen, die Pferde ausgeglichen und glücklich waren, und überhaupt war da eine Atmosphäre von Gelassenheit, die man fast schon fühlen konnte, sobald man die Zufahrt heraufkam. Nachdem ich als Kind nie auf einem anderen Hof gewesen war, nahm ich einfach an, dass alle Höfe so waren und hatte keine Ahnung, dass etwas Besonderes vor sich ging.

Ich verstand nicht wirklich, dass es die Dinge waren, welche der alte Mann tat und wie er sie tat – die Absichten, das Fühlen und das Herz, welches er in die Arbeit steckte – die jene Gelassenheit erzeugten. Da er nie viel erklärte, warum er etwas machte oder wie er es machte, oder mich anleitete, wie ich etwas machen sollte, blieb mir nichts übrig, als ihn und seine Arbeitsweise zu beobachten und anzunehmen, dass die Resultate in direktem Zusammenhang zur *Mechanik* seiner Arbeitsschritte stünden.

Das Problem war, sobald ich auf mich allein gestellt war und begann mit Pferden zu arbeiten (sowohl für ein Publikum als auch für die verschiedenen Ranches, auf denen ich Zeit verbrachte), stellte ich bald fest, dass eine Wiederholung dieser Art von Ruhe, wie ich sie auf dem Hof des alten Mannes oder mit seinen Pferden erfahren hatte einfach nicht allein durch Nachahmung zustandezubringen war. Über einige Jahre arbeitete ich mit Pferden in der gleichen Art und Weise, wie ich es Walter hatte tun sehen, wenn er mit seinen Pferden Zeit verbrachte. Während dieser Jahre erreichte ich ein gewisses Maß an Erfolg, den Pferden zu helfen, mit denen ich in Kontakt kam. Trotzdem wusste ich, dass etwas fehlte.

Dann, als ich in meinen späten Zwanzigern war, tauchte ein Pferd auf, das mir helfen würde zu verstehen, woraus dieser fehlende Teil bestand. Max war ein Araberwallach und er kam zu mir während einer Zeit, in der ich vornehmlich, mit, wie es viele Leute bezeichnen, „Problempferden“ arbeitete. Er wies viele der typischen Probleme auf, die ich von anderen Pferden kannte, mit denen ich gearbeitet hatte:

schwierig zu fangen; einen Unwillen gesattelt und geritten zu werden; verschiedene Probleme, wenn ein Reiter dann auf seinem Rücken war; und Abwehrverhalten verschiedenen Grades, von der Drohung auszuschlagen, näherte man sich von hinten, bis zum Angebot zu beißen, näherte man sich von vorne.

Ich ging mit ihm in etwa so ans Werk, wie ich mit anderen Pferden arbeitete, die ähnliche Eigenschaften aufwiesen. Ich ließ ihn von einem Tierarzt und einem Chiropraktiker untersuchen, um etwaige physische Probleme auszuschließen, stellte sicher, dass ihm die Ausrüstung, die wir verwendeten, passte und ließ seine Hufe so pflegen, wie es für ihn und die Arbeit, die wir verrichten würden, am geeignetsten wäre. Dann wandte ich mich der Aufgabe des „Trainings" zu.

Zu behaupten, dass dieses spezielle Pferd so ziemlich allem, worum ich es bat, mit Widerstand begegnete, wäre eine Untertreibung gewesen. Dinge, die ich versuchte und mit denen ich bei Pferden in der Vergangenheit Erfolg gehabt hatte, schienen keinerlei Wirkung auf Max zu haben. Tatsächlich schien es, als ob er sich in vielen Bereichen verschlechterte. Natürlich, je schlimmer es mit ihm wurde, umso mehr Druck übte ich auf ihn und mich selbst aus, um eine Veränderung seinerseits zu erhalten. Je mehr Druck ich ausübte, umso mehr kämpfte er.

Eines Tages, nach einer besonders langen wie unproduktiven Übungseinheit, ließ ich ihn in seinem Paddock vom Halfter und ging, enttäuscht, dass schon wieder ein Tag vergangen war, ohne viel Erfolg, wenn überhaupt. Einige Zeit später warf ich ihm zufällig einen Blick zu und bemerkte, dass er am entfernten Ende des Paddocks stand, entfernt von seinem Futter. Er hatte sich auf der nassen Stelle drüben neben seinem Wassertank gewälzt, die ich zuvor am Tag erzeugt hatte, als ich den Tank leerte, um ihn zu reinigen. Seine linke Flanke, die mir zugewandte Seite, war schlammverschmiert. Sein

Kopf hing weit herab und er hatte einen Hinterfuß unter sich herangezogen.

Er schien sich einfach nur auszuruhen, wie er so dastand, doch wann immer ein Pferd seinem Futter keine Beachtung schenkt, besteht Anlass zur Sorge, dass es ihm nicht gut geht. Also beobachtete ich ihn eine Weile länger, um eine Kolik auszuschließen. Gerade als ich entschieden hatte, dass er ok war und dazu ansetzte, meine sonstigen Arbeiten weiterzuführen, drehte sich der Wallach zu mir und blickte mich an.

Leute, die mich kennen, wissen, dass ich nie ein großer Anhänger des Vermenschlichens war; menschliche Gedankengänge und Gefühle auf Tiere zu übertragen. Nichtsdestotrotz muss ich sagen, dass mich der Ausdruck im Gesicht jenes Wallachs buchstäblich zur Salzsäule erstarren ließ. Ob es daran lag, wie derart schlecht unsere Stunde verlaufen war oder an der Tatsache, dass er fast vom Kopf bis zum Schweif mit Schlamm überzogen dastand, oder dass er so müde schien, oder an einer Kombination aller drei. Doch als er da stand und mich in der späten Nachmittagssonne anblickte, hätte ich schwören können, dass er sagte *Du bist einfach nur ein weiterer Mensch, der es nicht auf die Reihe kriegt.*

Niemand wird je wissen, ob das tatsächlich war, was er sagte, oder eigentlich sogar dachte. Letztlich ist es nicht wirklich wichtig. Wirklich wichtig war, was ich fühlte, nachdem ich die Erschöpfung in seinem Gesicht gesehen hatte, als er mich frontal anstarrte.

Es war ein Blick, der mich für den Rest jenes Tages verfolgte und während des Rests einer, wie sich herausstellte, schlaflosen Nacht. Als ich mich also bis in die frühen Morgenstunden hin und her wälzte, ging ich alles durch, was ich mit Max bis dahin gemacht hatte. Beim besten Willen verstand ich nicht, warum er sich nicht änderte. Als ich dann so gegen halb vier endlich einschlief, hatte ich nicht viel Fortschritt auf der Suche nach der Antwort gemacht.

Ein paar Stunden später jedoch erwachte ich plötzlich, als eine entfernte Erinnerung durch meinen Kopf jagte. In dieser existierten jedoch weder Bilder noch Worte noch Leute, nur das Bewusstsein eines Gefühls. Das Gefühl selbst, klar und eindeutig, war eines, welches ich bei vielen Gelegenheiten erfahren hatte, doch nicht in jüngster Zeit. Es war eine Erinnerung an die ruhige Gelassenheit, die ich gefühlt hatte, wenn ich mit dem alten Mann und seinen Pferden zusammen gewesen war.

In diesem Moment erkannte ich, was in meiner Arbeit gefehlt hatte (und nicht nur in meiner Arbeit mit Max, sondern in meiner gesamten Arbeit): die ruhige Gelassenheit, die dazu verhilft, das Nicht-Greifbare in der Reiterei zu erschaffen, jene schwer zu fassende *Verbindung*, nach der wir alle suchen. Sie ist ein Teil des Puzzles, der nicht existiert, wenn bloß Techniken mechanisch nachgeahmt werden, und der Grund, warum ich so viele Schwierigkeiten hatte, zu Max durchzudringen. Schließlich zog ich Max nicht wirklich in Betracht. Alles, woran ich gedacht hatte, war, ihn dazu zu bringen sich zu ändern, nicht daran, wie er sich dabei fühlte, geschweige denn an das Fühlen, das ich dabei einsetzte.

Dies war ein wichtiges Aha-Erlebnis für mich und ich brauchte einige Zeit, um mir über die Dinge klarer zu werden. Ich entschloss mich, an jenem Tag nicht mit Max zu arbeiten und auch nicht am nächsten Tagoder am darauffolgenden Tag. Stattdessen nahm ich mir die Zeit, um mich zu verlangsamen und einen scharfen, langen Blick darauf zu werfen, was ich tat und noch wichtiger, warum ich es tat. Erst am Morgen des dritten Tageserwachte ich wiederum aus einem rastlosen Schlaf mit einem Verständnis, welches meine Reiterei von diesem Punkt an formen würde.

Es war eine einfache Idee, eine, die ich übersehen hatte, wenn es darum ging, was ich mit dem alten Mann gesehen und erlebt hatte in den Tagen meiner Kindheit. Für Walter war die Arbeit mit Pferden nicht das, womit er seinen Lebensunterhalt bestritt; sie war seine Art zu leben. Bis zu diesem Moment hatte ich, ohne es zu erkennen, genau das Gegenteil gemacht.

Ein paar Stunden später saß ich in der Sattelkammer auf einem Stoß Satteldecken und dachte sehr ernst darüber nach, wie ich mein Leben lebte und wie dies meine Reiterei beeinflussen könnte. Wie die Zeit so verging, ertappte ich mich dabei, dass ich ein Bild anstarrte, welches in einem staubigen Rahmen auf der gegenüberliegenden Wand hing. Das Bild hing ein wenig schief, der Rahmen verschoben von einem Windstoß, der vor etwa einem Monat durch die Sattelkammertür gefegt war. Es war ein Foto von mir auf einem großen schwarzen Pferd namens Kat.

Kat war ein paar Jahre zuvor in einem Max sehr ähnlichen Geisteszustand zu mir gekommen. Bei Kat war es mir allerdings gelungen, einige Wochen nach seiner Ankunft eine Veränderung hervorzurufen. Wie Max war Kat widersetzlich und abwehrend und hatte sich hie und da hinreißen lassen zu buckeln und zu steigen, besonders dann, wenn Dinge nicht so abliefen, wie er sich vorstellte, dass sie ablaufen sollten (oder zumindest war das meine Meinung zu dieser Zeit). Ebenso wie bei Max, hielt ich es für angebracht, den Druck zu steigern, sobald er etwas tat, von dem ich annahm, es sei purer Widerstand oder wenn ich meinte, er spiele sich auf.

An jenem Tag begannen wir unsere Einheit so ziemlich wie jede andere, die wir bis dahin gehabt hatten, indem ich Kat aufforderte, den Hof zu verlassen und hinunter zum Platz zu reiten, woraufhin er sich widersetzte und versuchte, zum Hof zurückzugelangen.

Ich hatte bereits einige Tage darauf verwendet, zu versuchen ihn so freundlich wie möglich zu „überreden“ sich vom Hof zu entfernen und war sogar dazu übergegangen, ihn bei einigen Gelegenheiten bis zum Reitplatz zu führen. Doch zwei Wochen waren ohne wirklichen Fortschritt vergangen, also beschloss ich, dass es an der Zeit sei, einen

Schlussstrich zu ziehen. Am Ende des Tages, sagte ich mir, *würden* wir vom Hof wegreiten.

Nach ein paar Schritten in Richtung Reitplatz begann Kat, Widerstand zu leisten. Sobald er das tat, reagierte ich, indem ich darauf bestand, dass er sich bewegte und er leistete mehr Widerstand. Das war der Punkt, an dem ich sehr viel hartnäckiger wurde. Der darauffolgende Sturm war nicht nur für uns beide unangenehm, sondern dauerte auch fast eineinhalb Stunden. Als er vorüber war, waren wir beide schweißgebadet und ausgelaugt. Doch Kat verließ den Hof nun ohne Zögern, und soweit es mich anging hatte der Zweck die Mittel gerechtfertigt.

Kats Besitzerin hatte das Foto an dem Tag gemacht, als sie ihn abholte und es mir als gerahmtes Bild ein paar Wochen später geschickt. Sie war äußerst glücklich über Kats Fortschritte und es bereitete ihr Freude, wie gut er sich machte, seit sie ihn nach Hause gebracht hatte. Aber an jenem Tag, an welchem ich auf den Satteldecken saß und das Bild anstarrte, dämmerte mir, dass ich mich nie wirklich im Recht gefühlt hatte bei dem, was zwischen uns beiden an diesem Tag draußen vor dem Hof vorgefallen war.

Ich hätte ihm Besseres widerfahren lassen sollen und können. Mich überkam eine plötzliche Welle der Reue und ich fand mich in der Situation, mir zu wünschen ich könnte mich bei ihm entschuldigen oder es auf irgendeine Weise wieder gutmachen. Doch das konnte ich nicht. Das Vergangene war vergangen und die Erkenntnis, dass ich die Zeit mit ihm niemals wieder zurückbekäme war auf einmal überwältigend.

Ich erhob mich von den Satteldecken, ging hinüber und hängte das Bild gerade. Als ich einen Schritt zurücktrat, um sicherzugehen, dass es im Lot hinge, ging mir der Gedanke von früher an diesem Morgen erneut durch den Kopf. *Die Arbeit mit Pferden war nicht das, womit er seinen Lebensunterhalt bestritt; sie war seine Art zu leben.*

In diesem Moment begann sich der Nebel, welcher mich einige Tage lang umgeben hatte, langsam zu lichten.

Ich erkannte, dass die Art und Weise, wie ich mit Pferden zu arbeiten versuchte, nie wirklich in meinem eigenen Kopf definiert worden war. Aus diesem Grund war die Arbeit, die ich mit Pferden wie Max und Kat machte, letztlich eine armselige Nachahmung dessen, was ich in jungen Jahren gesehen hatte. Da ich nicht verstand, was ich damals gesehen hatte, fehlte es meiner Arbeit schlussendlich an wirklichem Sinn. So in etwa wie ein Pfeil, dem die Befiederung fehlt – diese kleinen Federn, die ihm dabei helfen, auf Kurs zu bleiben, sobald er den Bogen verlassen hat. Sicher, der Pfeil würde einigermaßen in jene Richtung fliegen, in die er gezielt war, doch die Chancen, das Ziel tatsächlich zu treffen, stünden ohne jene kleinen Federn ziemlich schlecht, wie talentiert der Schütze auch sein mochte.

Ich verwendete den Rest jenes Tages darauf, im Geiste durchzugehen, wie ich bis zu diesem Zeitpunkt gewesen *war*, wenn ich mit Pferden arbeitete, im Speziellen, mit bekümmerten Pferden. Dann begann ich darüber nachzudenken, wie ich mit ihnen sein *wollte*. Der Unterschied zwischen den beiden Wegen wurde rasch sichtbar. Ich wollte in meiner eigenen Reiterei in der Lage sein, Pferden so ruhig wie möglich dabei zu helfen, ebenso leicht mit mir oder mit mir auf ihrem Rücken agieren zu können, wie sie es unter ihresgleichen konnten.

Doch falls die Dinge nicht so liefen, wie ich mir dachte, dass sie laufen sollten (und zeitgerecht), ließ ich in Wirklichkeit oftmals mit ziemlicher Konstanz den Druck ausufern. Dies führte bis zu einem gewissen Grad immer zum Erfolg, aber auf dem Weg dorthin blieben das Pferd und ich beinahe immer verschwitzt zurück, atemlos und erschöpft standen wir auf einem Platz, auf welchem eine Menge Staub in der Luft hing, aufgewirbelt durch all unsere irrelevanten Bewegungen. Dies war meilenweit davon entfernt, so ruhig wie möglich zu arbeiten und am Ende ein Pferd zu haben, das ebenso leicht mit mir arbeiten konnte wie auf sich alleine gestellt.

Der Tag verging und ich grübelte weiterhin über meine Situation nach. Es wurde klar, dass es für mich an der Zeit war mich weiterzuentwickeln. Ich musste die Vergangenheit loslassen und meine Energien neu auf etwas ausrichten, das produktiver sein würde und mir helfen konnte, mein Ziel zu erreichen. Als es Abend wurde, war ich zur Einsicht gelangt, dass wonach ich sowohl in meinen Pferden als auch in mir selbst suchte, jene ruhige Gelassenheit war, die ich in meinen jungen Jahren erfahren hatte. Ebenso war ersichtlich geworden, dass sich viele Dinge würden ändern müssen, damit ich jene ruhige Gelassenheit erreichen konnte, und zwar nicht nur an der Art und Weise, wie ich mit Pferden arbeitete, sondern – noch wichtiger – an der Art und Weise, wie ich mein Leben lebte.

Als ich am nächsten Morgen erneut mit Max zu arbeiten begann, tat ich dies aus einer frischen Perspektive und mit einem anderen Plan. Ich würde eine Sache herausgreifen, mit der er Mühe hatte, und dann so sanft wie ich konnte mit ihm arbeiten, bis ich irgendeine Art von positiver Veränderung sah. Wir fingen mit Einfangen an; das war eines seiner gröberen Probleme, und angesichts dessen, dass wir an nichts arbeiten konnten, ohne dass ich ihn zunächst einmal einfangen konnte, schien es passend.

Ich betrat den Platz und wie erwartet flüchtete er, den Kopf in der Höhe und den Schweif in der Luft. In der Vergangenheit hätte ich den Führstrick geschwungen und ihn dazu gebracht fleißiger zu laufen (um das unerwünschte Verhalten zu erschweren). Aber an diesem Tag folgte ich ihm langsam, als er fortlief. Sobald er am hinteren Ende des Platzes angekommen war, drehte er sich um und sah mich an. Ich schaffte es nur bis zur Mitte des Platzes, bevor er durch die Nüstern blies und losstartete, um ans andere Ende zu rennen. Ich wendete und folgte ihm.

Ein paarmal rannte er den Platz aufwärts und abwärts, während ich mich immer umdrehte und in die Richtung aufmachte, in die er unterwegs war, ohne schneller zu werden, meinen Strick kreisen zu lassen oder zu versuchen, ihm den Weg abzuschneiden. Bald hatte er die Distanz, die er jeweils zurücklegte, halbiert und dann halbierte er sie wiederum; schließlich lief er in einem kleinen Kreis in der Nähe des Tors, und ich stand in der Mitte des Kreises. Ein paar Minuten später ließ er mich zu sich herantreten. Ich streichelte seinen Kopf, den Hals und die Schulter und dann verließ ich den Platz.

Ein paar Stunden später betrat ich den Platz wieder und erneut preschte er davon. Dieses Mal erlaubte er mir nach etwa der halben Zeit, verglichen mit vorhin, zu ihm hinzugehen und ihn zu streicheln. Nachdem ich das gemacht hatte, verließ ich den Platz. Etwa eine Stunde später wiederholten wir die Sache nochmals. Dieses Mal entfernte er sich wenige Meter, dann blieb er stehen und ließ mich herankommen.

Als ich ihn vorsichtig an seiner Schulter kraulte, ließ er seinen Kopf sinken und stieß einen tiefen Seufzer aus. Es war das erste Mal seit seiner Ankunft, dass er tatsächlich gelassen und ruhig aussah, und ich erkannte, wie ich ihn so streichelte, dass es für mich ebenfalls das erste Mal seit langer Zeit war, dass ich mich gelassen und ruhig fühlte.

Ab diesem Zeitpunkt ging ich alles, das ich mit ihm machte, in derselben, vorsichtigen Art an und er reagierte, indem er Tag für Tag offener und empfänglicher wurde gegenüber den Dingen, die ich ihm zeigen wollte. Als er schließlich einige Monate später zu seinem Besitzer zurückkehrte, war Max ein anderes Pferd. Dinge, die er einst für unmöglich gehalten hatte, waren einfach geworden und die abwehrende Grundhaltung, welche einst eine so große Rolle in seinem Leben gespielt hatte, war einfach verschwunden.

Max war ein wirklich gutes Pferd; das war gar keine Frage. Ebenso war es keine Frage, hätte ich nicht geändert, was und wie ich es tat, wäre jenes gute Pferd vielleicht nie zum Vorschein gekommen. Dies war schwierig für mich zuzugeben, doch ich gab es zu, und dies erlaubte mir im Gegenzug zu verstehen, dass der Großteil von Max' Veränderung auf ein beinahe zufälliges Sanftwerden in meiner Herangehensweise zurückzuführen war. Jenes Sanftwerden ermöglichte es ihm, seinen Geist zu beruhigen und seine Schutzmechanismen lange genug hintan zu halten, um zu durchdenken, was ihm präsentiert wurde. Jenes Sanftwerden brachte mich auf den Weg, den ich bis heute beschreite.

Mehr als dreißig Jahre sind vergangen, seit ich mit Max und Kat gearbeitet habe. Beide sind schon lange von uns gegangen, nehme ich an. Doch ich bin ihnen immer noch dankbar, dass sie mein Verlangen geweckt haben, ruhige und wirkungsvolle Wege der Arbeit mit Pferden durch Entwicklung von Sanftheit in mir selbst zu finden – sodass es mir möglich wird, jene Sanftheit an die Pferde und Menschen, mit denen ich in Kontakt komme, weiterzugeben.

Jene Suche nach Sanftheit in mir selbst hat mich zu einigen unglaublichen persönlichen Höhen geführt und sie brachte mich ebenso in einige unglaubliche persönliche Tiefen. Sie erlaubte mir, als Pferdemensch (und als Mensch) erheblich zu wachsen, während sie gleichzeitig trotzdem den einen oder anderen Schnitzer in einer Beurteilung oder Fehltritt in einer Entscheidung zuließ. Glücklicherweise sind jene Schnitzer und Fehltritte heutzutage relativ selten und, ebenso glücklicherweise, lerne ich auch weiterhin von ihnen. Die Suche nach Sanftheit führte mich obendrein durch die ganze Welt und hat mir einige der besten Pferdespezialisten in ihrem jeweiligen Aufgabenbereich nähergebracht, sodass ich von ihnen lernen konnte. Ebenso erwies sie mir die Ehre, von einigen der größten Meister in der Welt der Kampfkünste lernen zu dürfen.

Allerdings hat mich eben jene Suche auch Jahr für Jahr auf Trab gehalten, unterwegs um Reitkurse zu geben, oft wochenlang am Stück fernab von zu Hause, oder sogar monatelang. Sie hat mich davon abgehalten, an vielen wichtigen Tagen im Leben meiner Kinder anwesend zu sein, bei meiner Familie und geliebten Freunden zu sein und an dem Ort, an dem ich wirklich sein wollte.

Mittlerweile sehe ich mich dem sechzigsten Geburtstag näher als dem fünfzigsten. Wenngleich die Suche nach Sanftheit in mir selbst immer noch so stark ist wie sie es jemals war – vielleicht sogar stärker – frage ich mich manchmal, ob sie es wert war. Dann, aus heiterem Himmel, habe ich einen Tag wie ich vor kurzem einen hatte.

Mitten in einer Kurseinheit verließ ich das Roundpen, in dem wir gearbeitet hatten und machte mich auf den Weg zum Reitplatz. Meine Pferde standen angebunden am Zaun, der aus Rohren gefertigt das Viereck begrenzte, im Schatten, welcher von zwei knapp außerhalb des Roundpen stehenden, großen Bäumen geworfen wurde. Auf dieser Kurstour reiste ich mit drei Pferden: meinem hauptsächlichen Kurspferd Rocky; seinem Reisepartner und meinem Pferd Nummer zwei, Cooper; und einem dritten Pferd, Lilly.

Lilly war eine hübsche, kleine Stute, die ich ein paar Jahre zuvor als eine Art Rehabilitationsprojekt aufgelesen hatte. Mit ihren damals neun Jahren war sie zum Reining und auch als Zuchtstute verwendet worden. Aus allen Berichten geht hervor, dass das Training, welches sie während der Zeit als Reiningaspirantin erfahren hatte, recht rau gewesen war und aus diesem Grund wies sie einige schwerwiegende Vertrauensprobleme auf, im Besonderen wenn sie geritten wurde. Ebenso hatte sie eine Reihe von ernsten Verletzungen, was durch eine große Narbe auf ihrem rechten Hinterbein und eine weitere gravierende Narbe auf ihrer rechten Seite augenscheinlich war.

Nachdem ich sie nach Hause gebracht hatte, ritt ich sie ein paar Mal und ließ sie einen Schüler ein paar weitere Male reiten, doch entschied ich, dass sie ein wenig Auszeit benötigte, bevor wir irgendetwas anderes mit ihr machen würden. Da der Winter bevorstand und meine Zeit mit ihr zu arbeiten ohnehin beschränkt gewesen wäre, brachte ich sie mit der Herde auf die Winterweide und dachte, ich würde mich im Frühjahr mit ihr beschäftigen.

Als der Frühling kam, brachte ich sie in der festen Absicht nach Hause, Zeit mit ihr zu verbringen. Doch abermals machte mir meine volle Reiseplanung einen Strich durch die Rechnung. Letztendlich stand sie das ganze Jahr über und kehrte schließlich im Herbst auf die Winterweide zurück, ohne dass mit ihr viel gemacht worden wäre. Für das folgende Frühjahr reservierten wir uns einige Zeit, um die Arbeit mit ihr zu beginnen, nachdem wir sie von der Weide heimgebracht hätten. Dann, am geplanten Starttermin, verletzte sie sich erneut ihr rechtes Hinterbein und das Training wurde ein weiteres Mal verschoben.

Als der Herbst ins Land zog, war sie wieder gesund und fit geworden und endlich begannen wir mit ihr zu arbeiten. Wir fuhren sie ein paarmal vom Boden aus und dann begann ich, sie in offenem Gelände zu reiten. Während der ersten paar Ritte hatte ich den Eindruck, dass ihre Furcht sie beinahe überwältigte. Sie versuchte mit allem das ihr zur Verfügung stand dem zu entsprechen, worum ich sie ersuchte, aber konnte nichts davon in entspannter Form ausführen. Hinzu kam erschwerend, dass sie, wie ich außerdem bemerkte, ein Riesenproblem damit hatte, sich nach rechts zu wenden. Wann immer ich sie um eine Wendung auf der rechten Hand ersuchte, machte sie ihren gesamten Körper steif und warf sich hektisch in einen Rechts-Spin.

Die nächsten paar Tage verbrachten Lilly und ich und meine Frau Crissi, die Rocky ritt, in der Wüste mit kilometerweit zum Reiten verfügbarem Land. Ich verwendete diese Zeit darauf, Lilly zu gestatten, ihre hektische Energie in großen Kreisen abzubauen, manchmal bis zu knapp einem Kilometer von Crissi und Rocky entfernt, bevor wir uns wieder in ihre Richtung zurückwandten. Wir verwendeten auch Zeit darauf, ihr dabei zu helfen, sich in ihren Wendungen nach rechts wohler zu fühlen und mit ihrem Bedürfnis, jedes Mal Richtung Hof rasen zu wollen, sobald sie dachte, dass wir uns zurück in diese Richtung aufmachten.

Nach dem zweiten Tag begann Lilly, ihre misstrauische Vorsicht abzulegen und sich ein wenig zu entspannen. Beim dritten Ritt konnte sie auf dem Hinweg ihren Kopf senken und sich entspannen, kämpfte jedoch immer noch ein wenig auf dem Rückweg. Beim sechsten Ritt begann sich der Heimweg für sie besser anzufühlen und beim siebten Ritt fand sie einen ruhigen Weg zu Schritt, Trab und Galopp. Nach jenem siebten Ritt musste ich zurück auf Reisen aufgrund einiger Kurse in Kalifornien, doch anstatt sie zuhause zu lassen lud ich sie gemeinsam mit Rocky und Cooper in den Hänger und nahm sie mit.

Lillys Gebaren am Boden hatte sich bereits deutlich verändert. Sie wurde ruhig und freundlich, wo sie doch in der Vergangenheit ein wenig fordernd und abwehrend gewesen war. Sie hatte auch dazu geneigt, hektisch durch Tore zu preschen, beinahe jedes Mal, wenn sie sich einem näherte, doch als wir Kalifornien erreichten, hatte sie auch damit aufgehört.

Anfangs zeigte Lilly auf dem Reitplatz dieselben Verhaltensweisen, welche sie im Freien gezeigt hatte. Sie war angespannt und besorgt und das Problem mit ihrer Rechtswendung war zurückgekehrt. Aber indem ich sie auf dieselbe Weise behandelte wie ich es draußen in der Wüste getan hatte und ihr ein wenig ruhige Führung gab, die sie verstehen konnte, ging sie binnen Minuten am langen Zügel mit niedriger Kopfhaltung und entspanntem Körper.

Am Morgen des vierten Tages des sechstägigen Kurses ging ich hinaus, um meine Pferde zu fangen und sie für den Tag bereit zu machen. Ich war angenehm überrascht, als Lilly mich am Tor begrüßte. Am selben Morgen ritt ich sie, während ich einige Reiter unterwies, und sie blieb die ganze Zeit über sanft und ruhig. Als die Temperatur anstieg, band ich unsere drei Pferde im Schatten der großen Bäume an. Das erste Pferd nach dem Mittagessen war eine dreijährige Jungstute, mit der wir im Roundpen arbeiteten. Nachdem ich die Einheit mit der Jungstute und ihrem Besitzer beendet hatte, verließ ich das Roundpen und blieb stehen, um mich mit einem Zuschauer zu unterhalten, der eine Frage zur Jungstute hatte. Während wir uns unterhielten, warf ich einen Blick hinüber zu meinen Pferden. Rocky und Cooper waren ganz zu sehen, da sie zwischen den zwei großen Bäumen standen, doch Lilly, die angebunden hinter dem Baum auf der linken Seite stand, konnte ich nicht sehen. Ich lenkte meine Aufmerksamkeit zurück zu dem Herren, der die Frage gestellt hatte und während ich redete, hörte ich ein sanftes Blubbern hinter mir.

Zuerst dachte ich, der Gruß wäre von Rocky gekommen, da er oft blubbert, wenn er mich sieht, aber als ich mich umdrehte erkannte ich, dass dem nicht so war. Stattdessen sah ich Lilly, wie sie hinter dem Baum hervorlugte, die Ohren und den Blick geradewegs auf mich gerichtet. Wieder blubberte sie, als sie sah, dass ich sie anblickte. Ich beendete meine Unterhaltung mit dem Mann, ging zum Reitplatz und schlüpfte unter dem Zaun zwischen Rocky und Lilly hindurch.

Rocky drehte sich zu mir und ich streichelte ihn vorsichtig auf seiner Stirn. Dann drehte ich mich zu Lilly und bemerkte, dass sie mir bereits ihre Nase entgegenstreckte und meinen Ellbogen sanft berührte. Ich hob meine Hand und streichelte sie ebenfalls sanft auf der Stirn und als ich das tat, atmete sie lange und sanft aus. Nach ein paar Sekunden ging ich zu Cooper, um auch ihn zu kraulen und wie ich das tat, blubberte Lilly beinahe unhörbar ein weiteres Mal, während sie sich mit ihrer Nase nach mir streckte. Lächelnd kraulte ich sie noch einmal.

Als ich da im Schatten jener Bäume stand, umgeben von meinen Pferden, war ich für einen Moment ganz woanders. Da war kein Kurs am Laufen, ich war nicht tausend Kilometer von zu Hause entfernt und all die Triumphe und Fehler, die ich mit Pferden in der Vergangenheit erlebt hatte, waren wenig mehr als entfernte Erinnerungen.

Eine ruhige Gelassenheit von der Art, wie ich sie so oft in meiner Kindheit erlebt hatte, zog langsam über mich hinweg und ich konnte nicht anders als zu lächeln. War diese Reise es wert, diese Suche nach Sanftheit, die sich nun über drei Jahrzehnte meines Lebens erstreckte? Lilly streckte sich mit ihrer Nase erneut zu mir und wieder streichelte ich ihre Stirn.

Da begriff ich, dass die Antwort im bereitwilligen Sich-zu-mir-Strecken jener einst bekümmerten kleinen Stute lag. Für sie war sie es wert gewesen und vermutlich war das die gesamte Antwort, die ich wirklich brauchte. Es war mit Sicherheit eine Antwort, mit der mein Herz leben konnte und vielleicht ist es schlussendlich das, worum es wirklich geht.

Einige Betrachtungen von unseren Freunden

Als ich begann, an der Gliederung dieses Buches zu arbeiten, wurde mir schon sehr früh klar, dass eines der hauptsächlichen Konzepte, welches ich mitteilen wollte die Tatsache war, dass die Entwicklung von Sanftheit in Wirklichkeit eine Reise ist – eine mit einem Anfang, einem mittleren Abschnitt, aber nicht notwendigerweise einem Ende. Eines der anderen Konzepte, welches ich versuchen wollte zu vermitteln ist die Tatsache, dass es deutlich schwieriger sein wird, Sanftheit mit unseren Pferden zu erzielen, wenn wir nicht in allem was wir tun an Sanftheit arbeiten.

Ich wollte einige wenige Freunde fragen, alle mit verschiedenem Hintergrund, aus verschiedenen Gesellschaftsschichten und aus verschiedenen Gegenden, ob sie willens wären, ein paar Gedanken darüber zu teilen, wie die Übung in Sanftheit ihnen sowohl in ihrem jeweiligen Beruf als auch in ihrer Reiterei geholfen hat.

Die Beiträge auf den nun folgenden Seiten sind jene Betrachtungen, welche viele von ihnen netterweise zu Papier gebracht haben, sodass wir sie dem Buch hinzufügen können.

Mein Dank an alle, die einen Beitrag beisteuerten!

Mark Rashid

Estes Park, 2013

Sich der Sanftheit öffnen
Crissi McDonald

Mir wurde immer klarer, dass die Beziehung zwischen Pferd und Mensch an erster Stelle steht, nicht das Training. Es ist das Band des Vertrauens und die Tiefe des Verstehens (des Pferdes und wer sie/er ist genauso wie das Verständnis der Pferde in bezug auf die Aufgaben, die wir stellen), welche eine Leichtigkeit in der Partnerschaft entstehen lässt. Es ist die Fähigkeit, willens zu sein, selbst zu tun (und zu sein), worum wir unser Pferd bitten (und wie unser Pferd sein soll).

Wenn wir beginnen, die Idee von Sanftheit in all ihren Facetten und Ausprägungen zu erkunden, erkennen wir, dass die Dinge nicht nur für uns umso besser laufen, je näher wir unser Pferd bei seinem ihm innewohnenden Naturell belassen können (ruhig/sanft), sondern ebenso für unser Pferd. Umso wohler sie sich physisch, mental und emotional fühlen, desto besser werden sie in den Dingen, die wir von ihnen verlangen.

Ich möchte einige Gedanken über Sanftheit teilen ebenso wie einige Geschichten, die mich die Vorzüge erfahren ließen, dieser Kunst nachzugehen.

Es war ein kalter Tag unten in Camp Verde, Arizona. Ich sah Mark zu, wie er einen Kurs gab und bemerkte, dass er ein neues Pferd ritt, Rocky, einen Fuchswallach, der die ersten sieben Jahre seines Lebens auf demselben Hof aufgewachsen war, auf dem er geboren worden war; er hatte den Ort noch nie verlassen. Es war das erste Mal, dass Mark ihn ritt und das Pferd sah aus, als ob es jede Minute durchgehen würde. Seine Ohren waren steil aufgerichtet, ebenso sein Hals und jeder Muskel in seinem Körper in Alarmbereitschaft, bereit, jederzeit mit sehr wenig Vorlaufzeit in jede Richtung zu flüchten.

Sein Schritt war kantig und steif. Hielt er an, blickte er ständig in alle Richtungen und man sah das Weiße in seinen Augen.

Im Laufe des Vormittags (und der nächsten drei Tage, an denen ich dort war), beobachtete ich, wie Mark scheinbar kleine Veränderungen mit Rocky vornahm, ihn konsequent ersuchte, den Kopf zu senken, vom Halt in den Schritt ging, zurück zum Halt, immer und immer wieder. Während der Mittagspause des dritten Tages legte sich Rocky, immer noch voll gesattelt und an der Anbindestange, vorsichtig hin und machte ein Nickerchen.

Im schnellen Vorlauf ins Jahr 2012.

Es war unser freier Tag und Mark und ich entschlossen uns, einen Ausritt zu unternehmen. Wir gaben eine Kursreihe in Texas und waren auf einer schönen Anlage untergebracht, von der aus sich einige hübsche Pfade zur Erkundung anboten. Während wir unsere Wallache sattelten, konnte ich sie ruhig atmen hören, wie sie mit halb geschlossenen Augen die Wärme des sich nähernden Frühlings genossen.

Mark ritt seinen neuen Wallach Cooper, was bedeutete, dass Rocky und ich wieder einmal Zeit miteinander verbringen würden. Obwohl ich ihn über ein paar Jahre regelmäßig geritten war, war es Monate her, dass ich ihn zuletzt gesehen hatte, geschweige denn geritten. Er war Marks hauptsächliches Kurspferd geworden und nahm für gewöhnlich an den vielen Reisen teil, nach denen das Leben eines Reitkursleiters (und eines Kursleiterpferdes) verlangte.

Auf halber Strecke beschlossen wir, die Straße zu verlassen und durch den Wald zu gehen. Schnell fand ich heraus, dass durch einen Wald in Osttexas zu reiten sehr viel anders war als durch einen in der Nähe unseres Zuhause in den Rocky Mountains von Colorado. Der Waldboden war mit einem zugewachsenen Teppich langer Gräser bedeckt, Schlingpflanzen und dicht ineinander verhedderten Sträuchern. Mark und Cooper arbeiteten sich durch dieses Labyrinth des Pflanzenbewuchses. Unter mir konnte ich fühlen, wie Rocky beim Durchqueren des Terrains langsamer wurde. Und dann blieb er stehen.

Als kluges und erfahrenes Geländepferd bleibt Rocky normalerweise nicht ohne Grund stehen. Ich ersuchte ihn weiterzugehen, doch es fühlte sich an, als seien seine Füße gefangen. Ich blickte hinab und sah eine um seine Hinterbeine geschlungene Rebe. Als ich ihn aufforderte rückwärtszugehen, begleitete sie uns. Ich forderte ihn auf vorwärts zu gehen und er konnte es nicht. Wir versuchten es mit einigen anderen Manövern, schlussendlich im Rückwärtsgang die Liane mit seinem Hinterbein abstreifend. Vor uns poppte die Pflanze wieder auf und raschelte durch das Gebüsch, aber langsam dünnte sie sich aus. Wir wandten uns nach links, dann verlagerte Rocky sich auf seine Hinterbeine und entstieg dem Knoten der Schlingpflanzen.

Später fiel mir auf, dass Rocky während der Zeit, die wir benötigten, um aus den Pflanzen rauszukommen, zu keinem Zeitpunkt gestresst oder beunruhigt war. Er blieb gelassen, hörte auf Anweisungen und ließ mich bereitwillig wissen, welche Richtung offener war als eine andere. Wir setzten den Ausritt fort, als ob nichts geschehen wäre (es war ja wirklich nichts geschehen).

Gleichzeitig fiel mir auf, dass in den sechs Jahren, seit wir ihn hatten, keiner von uns ihn unter Zuhilfenahme von um die Beine gewickelten Seilen gearbeitet hatte, oder sich irgendwie die Mühe gemacht hätte, ihn für Berührungen an seinen Beinen zu „desensibilisieren".

Jedoch haben wir ihm alles angeboten, was wir mit unseren Kunden und ihren Pferden teilen: Sanftheit, Konsequenz, das Erreichen eines ruhigen Gemütszustands, Grenzen, usw. Wir haben ihm so oft und so konsequent dabei geholfen, einen ruhigen Gemütszustand zu erreichen und diesen aufrechtzuerhalten (eine Grundlage für Sanftheit), dass er diesen nun von alleine lebt, ungeachtet irgendwelcher Umstände, des Wetters oder der Umgebung.

Ich will damit nicht sagen, dass Training nicht wichtig wäre oder die Arbeit keinen Wert besäße, wenn Leute Seile um die Beine eines Pferdes legen. Ich behaupte nicht, es gäbe nur einen Weg, eine Beziehung mit einem Pferd zu kultivieren oder dass andere Trainingsmethoden da draußen falsch sind.

Jedoch neigen wir (Menschen) als Spezies dazu, uns auf eine Sache zu konzentrieren unter Ausschluss von allem anderen. Dies ist im Pferdetraining sehr weit verbreitet – wie in jeder Art von Tiertraining, wie ich annehme. Wir sind so, manchmal bis zum Verlust der Anpassungsfähigkeit, darauf konzentriert, das Pferd zu etwas zu bringen, das wir für wichtig halten, dass wir aus den Augen verlieren, wie sich das Pferd fühlt bei dem, was es tut.

Stattdessen möchte ich jedoch anbieten, dass wenn wir, wie sich unser Pferd *fühlt* (indem wir einen gelassenen, sanften Existenzzustand erreichen) als wichtiger einstufen als das, wozu wir unser Pferd bringen könnten es zu *tun*, die Reiterei sehr viel anders aussähe. Und wer weiß, wir vielleicht auch.

Der Frühherbsttag wärmte meine Stute und mich, während ich ein Pferd und einen Reiter in einer neuen Fertigkeit trainierte, die sie übten. Es war der erste Tag, an dem mein Pferd in der Lage war, nicht nur mit ihrem Körper ruhig zu sein, sondern auch in ihrem Inneren. Nach zwei Monaten war sie nun dabei, mein Lehrpartner zu werden – wir konnten zu einem anderen Pferd hinreiten und sie war nicht mehr länger abwehrend, sondern ruhig, egal ob sie geritten wurde oder angebunden stand. Während ich an diesem Tag unterrichtete, hatte ich das Pferd und den Reiter beobachtend über meine Schulter geblickt. Als ich meinen Kopf zurückdrehte und geradeaus blickte, sah ich es: Der Paintwallach, der an einem Baum angebunden gewesen war, hatte sich aus seinem Halfter herausgearbeitet und galoppierte nun über den Reitplatz, die Augen weit geöffnet genau auf uns zu.

Als ich diese kleine Araberstute kennenlernte, hatten ihre Besitzer finanzielle Schwierigkeiten und suchten nach einem Zuhause für sie. Am Ende des Kurses, den mein Mann und ich abhielten, und nachdem ich mit ihr während dieser Zeit gearbeitet hatte, beschlossen wir, dass sie ein netter Neuzugang für unsere Herde wäre. Ich nannte sie Breagh (Gälisch für „schön"), doch ich rufe sie Bree.

Mark und ich (genauso wie unsere Hunde und Pferde) reisen durch das Land, um Reitkurse zu geben. Unsere Pferde, erfahren durch das Reisen, die dauernd wechselnde Umgebung und Wetter jeder Art waren an ihre Arbeit gewöhnt. Bree war verständlicherweise besorgt, nachdem sie diesem Lebensstil in ihren bisherigen sieben Jahren nicht ausgesetzt gewesen war. Sehr besorgt.

Sie war nicht leicht zu fangen, stand angebunden nicht ruhig und tat auch sonst nicht viele andere Dinge in ruhiger Art und Weise. Sie war ein nettes Pferd, aber nicht ausgesprochen sanft; unter Menschen war sie wachsam, oft bekümmert und beantwortete jede meiner Anfragen mit dem Gegenteil dessen, wonach ich suchte.

Jeden Morgen würde ich sie am Hänger anbinden, putzen, satteln und zu jenem Reitplatz führen, an dem wir uns gerade in jener Woche wiederfanden. Sie bewegte sich, scharrte, legte ihre Ohren an und schlug mit ihrem Schweif. Als die Wochen so vergingen und wir öfter arbeiteten als dass wir nicht arbeiteten, sah ich sie ruhiger werden. Anfangs benötigten wir 45 Minuten um zu putzen und zu satteln (eine lange Zeit während eines langen Arbeitstages), dann landeten wir schließlich bei weniger als 15 Minuten für Fangen, Putzen und Aufzäumen. War ich zunächst nur imstande gewesen, meinen Fuß in den Steigbügel zu stellen, war ich dann in der Lage, sie für kurze Zeit zu reiten, um es schließlich bewerkstelligen zu können, beim Reiten zu unterrichten. Hatte sie sich zunächst entfernt, sobald ich mich ihr näherte, begrüßte sie Mark und mich nun am Tor und senkte ihre Nase ins Halfter.

Nach zwei Monaten begann sie den Hauch eines Pferdes anzunehmen, das seine Arbeit kannte; sie war leicht in der Handhabung, ihr Auge war sanft geworden, ihr Gesicht und Körper hatten sich entspannt und ich konnte so ziemlich alles machen, das während unseres Arbeitstages anfiel. Es fühlte sich an, als habe die Sanftheit, welche ich ihr angeboten hatte, begonnen, Fuß zu fassen und zu wachsen.

Als der Paintwallach in unsere Richtung galoppierte, hatte ich nur Zeit zu denken Das könnte interessant werden. *Obwohl er schon beinahe an uns dran war, spannte sich Bree nicht an. Sie nahm ihren Kopf hoch, legte ihre Ohren an und warf ihre Nase nach links. Der Wallach wich rasch nach seiner Rechten aus und war schon unterwegs zur anderen Seite des Reitplatzes, und ich fuhr mit meinem Unterricht fort. Bree kehrte zu ihrer Pose zurück, stehend, ein Hinterbein hochgenommen und ihre Ohren entspannten sich.*

Dieses Ereignis blieb mir haften. Dabei war es nicht das erste Mal, dass ich eine solche Erfahrung mit einem Pferd machte – eine, welche dich erkennen lässt, dass dich das Pferd, das du reitest, in der Tat entweder aus einer unerwarteten Situation gerettet oder vor deinem eigenen, dummen Entschluss bewahrt hat. Doch war es das erste Mal, dass mir dämmerte, dass das soeben Geschehene ein Resultat der Beziehung war, welche Bree und ich aufgebaut hatten. Wenngleich es da eine ansehnliche Menge dessen gab, das die meisten von uns „Training" nennen würden, war dies zweitrangig. In jeder unserer Interaktionen bestand mein Hauptaugenmerk darin, ihr, wann immer wir uns trafen, das Beste von mir selbst auf die sanftest mögliche Art und Weise zu geben. Was im Chaos hätte enden können (ein erschrecktes und auf uns zu galoppierendes Pferd), verwandelte sich in nichts weiter als einen kleinen Zwischenfall. Weil wir Sanftheit zu unserer wichtigsten Art des Seins gemacht hatten, war sie ruhig genug, nur zu tun, was notwendig war, um die Situation zu meistern, davon bin ich überzeugt. Nicht mehr, nicht weniger. Nur aus einem ausgeglichenen Geisteszustand heraus können wir diese Art von Klarheit erreichen: in jeder gegebenen Situation antworten wir mit der gerade richtigen Menge dessen, was nötig ist.

Diese Erfahrung wurde zu einem Eckpfeiler meiner Kenntnis, wie viel es ist, das die Pferde den Menschen aufgrund einer starken Beziehung geben. Wie tief Sanftheit für Pferd wie Reiter reicht, wenn wir uns nur dazu entschließen, sie auszuüben.

Ich danke dir und den Pferden, mit denen ich die große Ehre hatte zu arbeiten, dafür, diesen Teil der Reise mit uns geteilt zu haben. Meine innigste Hoffnung ist es, dass auf irgendeine unaufdringliche Art und Weise diese Wellen von uns allen ausgehend sich verbreiten und sowohl unsere Leben sanfter machen als auch die unserer Pferde.

Gedanken zu Verbindung, Sanftheit und Fühlen

Michelle Scully

Verbindung. Ich lernte Mark durch meine Freundin Stephanie kennen. Steph hatte mehrere seiner Kurse besucht und war beeindruckt. Meine Erfahrung mit Kursen war zu diesem Zeitpunkt ziemlich überschaubar, doch ich respektierte ihre Meinung, also meldete ich mich zu einem Kurs an, welchen sie auf ihrer Anlage ausrichtete. Ich wuchs damit auf, Pferde zu reiten, die hinterm Haus standen in einer Hinterm-Haus-Art-und-Weise, was bedeutete, dass ich nahm, was immer an Ausrüstung da war. Es war ganz einfach „Rauf mit dir und los", ob von einem Zaun aus oder einem Baum oder zu zweit auf einem Pferd – immer hieß es, Resultat geht vor Aussehen. Pferde-„Training" und Kurse waren mir neu, aber ich war immer schon eine Schülerin des Lebens gewesen, also war ich mutig.

Mutig, doch mehr als nur ein wenig besorgt, als Steph mir erzählte, dass Kurse auch Zuschauer haben. Es fiel mir schwer, mich selbst und meine rohen, ungeschliffenen Fertigkeiten zur allgemeinen Verwendung freizugeben, doch ich vertraute ihr und ritt in der ersten, morgendlichen Einheit. Mark machte die Dinge leicht. Er ist ein ziemlich sympathischer Bursche und ein klein wenig komisch und er half mir rasch, mich wohler zu fühlen. Über die Jahre lernte ich kennen und schätzen, wie seine zurückhaltende, bescheidene Art den Leuten hilft, die unbehagliche Phase zu überwinden und sich den tatsächlich die Reiterei betreffenden Dingen zuzuwenden.

Verbindung war eines der Worte, die immer wieder auftauchten, als ich mit Mark ritt. Zuvor hatte ich gedacht, Verbindung bedeute nur, dass du mit deinem Pferd immer noch verbunden bleibst, nachdem dein Ritt zu Ende ist, doch dies war etwas anderes. Seit jenem ersten Kurs habe ich über die Jahre eine Menge Zeit darauf verwendet, über Verbindung nachzudenken und zu versuchen, ein Teil von ihr zu sein, anstatt ihr in der Art und Weise „nachzujagen", zu der wir Menschen neigen, wann immer wir im Einsatz sind, um etwas Bestimmtes zu „tun". Wir *tun* mit Pferden eine Menge – wir führen sie, zerren an ihnen, geben ihnen die Sporen, was auch immer – aber mit ihnen eine Partnerschaft einzugehen scheint für uns viel schwerer vorstellbar zu sein, vom eigentlichen Tun ganz zu schweigen. Wenn ich nun an Verbindung denke, erscheint sie mir mittlerweile wie eine gute Ehe – zwei Energien, die sich vereinen und zu einem gemeinsamen Zweck vermischen.

Es ist viel einfacher, Dinge *am* oder *bei* einem Pferd zu verrichten und seinen Beiträgen vorauszugreifen, während wir derart in unser eigenes Programm vertieft und nicht daran interessiert sind, was es in die Sache einbringt. Wir werden ungeduldig, während wir auf unser Pferd warten, wir hetzen durch unsere Vorführung dessen, was wir vom Pferd wollen und sind oft frustriert, wenn es „die Sache nicht auf die Reihe kriegt", anstatt eine Umgebung zu schaffen, in welcher das Pferd die Dinge von allein herausfinden kann. Einer der wichtigsten Punkte, die ich gelernt habe, während ich Mark über die Jahre zusah, besteht darin, dass für gewöhnlich jede Entkopplung von oder Enttäuschung über ein Pferd auf einem Bedienungsfehler (mea culpa!) beruht. Er ist viel zu nett, um das auszusprechen, doch ich habe das von selbst herausgefunden. Wenn ich meine Absicht nicht klar präsentiere, ist es äußerst unwahrscheinlich, dass meine Pferde wissen werden, wonach ich frage.

Vor ein paar Jahren erlitt ich einen bösen Sturz und es war mir einige Zeit nicht möglich zu reiten. Ich war so dankbar, als ich wieder unter meinen Pferden sein konnte, sei es nur in der Friedlichkeit ihrer Präsenz. Eine Sache, welche ich in diesem Zustand erzwungener Halbruhe erfahren habe, bestand darin, wie dermaßen lärmend mein Gehirn die meiste Zeit über war. Nachdem ich gezwungen war, mich aufgrund meiner physischen Einschränkungen langsamer zu bewegen erkannte ich, dass sich auch mein Gehirn langsamer bewegen konnte und wurde etwas ruhiger. Ich erkannte, dass die menschliche Norm (oder zumindest meine) darin bestand, volle 200 km/h Gas zu geben und dann all diese vorwärtsbrausende Energie zu nehmen und sie in unsere Pferde hineinzuknallen, sobald wir entscheiden „OK, jetzt gehen wir reiten… trainieren… oder was auch immer." So sehr ich auch in Wirklichkeit nur reiten wollte, hat mir dieser Zeitabschnitt doch eine wichtige Lektion für das Leben erteilt über die Notwendigkeit, mein Gemüt zu beruhigen und in die Energie des Pferdes in einer friedlicheren Art und Weise einzutreten als mit der abrupten quasi „Start-und-Stopp-Routine", welche ich, wie ich befürchte, vermutlich viel zu oft an den Tag legte.

Mark sagt immer, dass die Reiterei gleich dem Leben ist. Unsere Leben sind ziemlich verschieden, doch Leben ist Leben, egal, wo du lebst und es hält immer viele Gelegenheiten zur Übung bereit. Er ist ein berühmter Pferdemann, der auch ein lebenslanger Schüler von Aikido ist. Ich unterrichte Biologie an unserer hiesigen Hochschule und mache die Einkäufe für zwei männliche Teenager und einen Ehemann. In all diesen Aktivitäten stecken Gelegenheiten, Klarheit zu suchen und das Gemüt zu beruhigen. Ich schätze, müsste ich zusammenfassen, was Verbindung für mich bedeutet, so wäre es mein Bemühen, mit meinem Pferd in einer Partnerschaft vereint zu sein, in welcher unser beider Gedanken zählen.

Einer der wichtigsten Gründe, warum ich mich in meinen Mann verliebte, war, dass er ein großer Swingtänzer ist; wir lernten uns wirklich kennen, als wir zusammen tanzten. Ich habe viel nachgedacht über den Unterschied zwischen einem guten Tanzpartner und jemandem, mit dem du einfach nicht tanzen möchtest. Ich sehe diese selbe Art von Partnerschaft beim Herstellen einer Verbindung mit meinem Pferd: Es erlaubt mir auf seinem Rücken zu reiten, während ich jenes Vertrauen nicht abwerte, indem ich sein physisches oder geistiges Wohlbefinden ignoriere. Ich bin eine respektvolle Präsenz, die unsere Partnerschaft als Tanz erkennt – unsere Gedanken und Bewegungen vermengen sich hin zu einem Ort, an welchem wir beide dieselbe Musik hören. Am Ende des Tages freuen wir uns, miteinander getanzt zu haben.

Es ist schon komisch, weil ich oft daran zurückdenke, wie ich als Kind geritten bin und mich frage, ob ich wirklich Fortschritte gemacht habe oder nur dabei bin, meinen Weg dorthin zurückzufinden. Als Kind war mein Pferd mein Partner und ich ritt immer mit dem Gedanken, dass wir gemeinsam ein großes Abenteuer erleben. Wir waren durch und durch verbunden. Heute ist es mein Ziel, meine Pferde ein wenig mehr so zu reiten wie ich es mit fünf tat.

Fühlen. Ich hörte vor Jahren zum ersten Mal von Fühlen, als ich das Buch *Wahre Reitkunst durch Fühlen*[7] von Bill Dorrance und Leslie Desmond kaufte. Sie sprachen über Dinge, von denen ich noch nie jemanden hatte reden hören, doch dies war ein Weg, mit Pferden in Wechselwirkung zu treten, der mich faszinierte. Als ich mit Mark arbeitete, aus der Nähe und aus erster Hand, hatte ich meine erste Erfahrung mit Fühlen in Aktion. Er sprach über die Wahl des richtigen Zeitpunkts, die Fußfolge und zu wissen, wo die Beine des Pferdes zu jedem Zeitpunkt waren und jene Aufgabe, die du vom Pferd erfragst so abzustimmen, dass sie sich mit diesen Eigenschaften im Einklang befand. In Anbetracht meines Ausgangspunktes war dies eine Menge für mich und manchmal fühlte ich mich überwältigt und fragte mich, ob ich jene Fertigkeit jemals entwickeln würde. Ich fand Trost in der Erkenntnis, dass eines der Dinge, die ich an mir mag, mein Einfühlungsvermögen und meine relativ ausgeprägte Empfindsamkeit für Nuancen ist. Ich hoffte nur, dass jene Eigenschaften sich in meine Arbeit mit Pferden übertragen würden. Wiederum dachte ich zurück an mein Reiten als Kind und es war ganz und gar Instinkt und Fühlen. Irgendwie hat mich das „Aufwachsen“ ein wenig vom Weg jenes inneren Sensors abgebracht, den ich hatte, als ich klein war.

Ebenso tröstete ich mich mit der Tatsache, dass ich mittlerweile immerhin den Unterschied *kannte* zwischen dem Fühlen für und mit einem Pferd und dem reinen Miteinander-Auskommen. Wir neigen dazu, immer in Eile zu sein, um „Dinge zu erledigen“, und das war noch etwas, das ich von Mark über Fühlen lernte. Du musst dir die Zeit nehmen, die es braucht, um mit einem Pferd zu sein. Das bedeutet, dass du deine Agenda zur Seite schiebst und völlig präsent bist, sobald du mit dem Pferd zusammen bist. Dein Kopf kann nicht irgendwo anders, außerhalb des Roundpens oder des Reitplatzes sein, an andere Dinge denkend.

---

7 Anm. d. Übers.: Der (Amerikanische) Buchtitel lautet „True Horsemanship through Feel“.

Wenn Pferde das machen, neigen wir dazu mit ihnen ins Gericht zu gehen, doch ich denke, wir selbst machen es öfter als wir es zugeben wollen. Es fällt uns leicht, einen Plan in unseren Köpfen zu fixieren und manchmal ist es leicht, die kleinen Dinge zu übersehen, auf die es wirklich ankommt, und die uns zum Fühlen mit Pferden und im Leben führen. Ich habe gelernt, dass man sich selbst Spielraum für Fehler zugestehen muss, solange man diese mit Würde und in guter Absicht macht. Solange du aus dem Guten heraus startest, sind Pferde (und Kinder) äußerst willens, dich im Zweifel für nicht schuldig zu erklären, wenn du zurückkommst und es nochmals versuchst. Wie in der Kindererziehung machst du es manchmal einfach falsch und eine von Herzen kommende Entschuldigung ist immer die beste Antwort. Ich fühle meinen Weg durch Leben, Mutterschaft und auch Pferde.

Wirkliches Fühlen ist eine ganzheitliche Sache, eine schöne Gleichung von Verbindung, Ausgewogenheit, der Wahl des richtigen Zeitpunkts und Herz. Fühlen ist wie eine große Unterhaltung zwischen dem Reiter und dem Pferd. Es ist nicht einseitig und kein Disput. Es ist eine Unterhaltung, die beide Seiten mit Freude führen. Eines der schönsten Dinge, die ich je gesehen habe, ist ein wahrer Pferdemensch, wenn er ein Pferd durch das Fühlen, welches er über einen Führstrick oder Zügel sendet, zur Bewegung auffordert. Es steckt alles in den Händen: die Aufforderung, die Richtung, das Versprechen, welches jene Hand dem Pferd macht. Sie sagt „Wenn du dorthin mit mir gehst, wirst du es nicht bereuen". In *Wahre Reitkunst durch Fühlen* sagt Dorrance „Miteinander auskommen ist es, womit sich so viele Leute letztlich als ausreichend begnügen, weil sie nicht die Möglichkeit hatten, zu sehen wie gut es sein kann, wenn ein Pferd durch Fühlen agiert." Es mag sein, dass du anfängst ohne irgendetwas über Fühlen zu wissen, doch wenn du einem wahren Pferdemenschen dabei zusiehst, wie er Fühlen verwendet, um mit einem Pferd zu arbeiten, wirst du dies mit Sicherheit wissen, sobald du es siehst. Es ist eine schöne Sache und etwas, wonach ich strebe. Es ist ein lebenslanger Prozess, aber ich bin auf dem Weg dorthin.

Sanftheit. Mark war die erste Person, die ich einen Unterschied machen hörte zwischen Sanftheit und Leichtigkeit. Ich war an einem Punkt, an welchem Unterscheidungen wie diese begannen, zu mir durchzudringen. In einem seiner Videos illustriert er, wie zwei Pferde geritten werden, eines durch Sanftheit, eines durch Leichtigkeit, und ich konnte tatsächlich den Unterschied sehen, über den er sprach. Wir sehen viele Pferde, die hoch trainiert beinahe augenblicklich auf jede kleinste Hilfengebung reagieren. Manchmal ging dies mit anderen Zeichen einher, die mir zuvor nicht aufgefallen waren: angelegte Ohren, Kauen auf der Trense, mit dem Schweif schlagen oder ihn einklemmen. War ich nicht in der Lage gewesen, dies zuvor in Worte zu fassen, ergab es nun allerdings einen Sinn. Manche Pferde werden fast zu Tode trainiert, aber wirklich freudig sind sie nicht bei der Sache. Sie spulen die Bewegungen ab, doch ihr Äußeres und Inneres sind nicht in Einklang.

Als meine Jungs klein waren, las ich Bücher über Kindererziehung. Ich bin von Natur her ein Büchermensch und war mir sicher, dass ich überhaupt keine Ahnung hatte und sorgte mich um ihr Überleben. Zur gleichen Zeit versuchte ich einen zweijährigen Wallach zu trainieren, den ich kurz davor gekauft hatte und las auch Pferdebücher wie verrückt. Nicht allzu lange danach warf ich meine Kindererziehungsbücher weg. Es gibt viel darüber zu sagen, Pferde (und Kinder) zum Mitmachen zu bewegen, indem sie dir abkaufen was du ihnen erzählst.

Für mich bedeutet Sanftheit den Einklang zwischen dem, wie sich das Pferd im Inneren fühlt und dem Äußeren, und dass es an der Aktion teilnimmt. Es ist Teil der Aktion und nicht nur einfach ein

Vehikel für irgendeine Form von Übung, die durch das Befehligen seiner physischen Fertigkeiten zu erreichen ist. Innerlich hat das Pferd dein Angebot angenommen, weil es Zuversicht in sich selbst und dich entwickelt hat und auf das vertraut, was du zu der Sache beiträgst. Jene Zuversicht entsteht durch Verbindung, Konsequenz und Fühlen.

Äußerlich entwickelt sich Sanftheit in einem Pferd, das physisch wohlauf ist, ohne darunter liegende körperliche Probleme, die es ihm schwermachen, sich in angenehmer Art und Weise zu bewegen. Sanftheit entwickelt sich in einem Pferd, welches von einem Reiter geritten wird, dem bewusst ist, wie wichtig Balance und die Wahl des richtigen Zeitpunkts sind. Bring all das zusammen und du hast ein Pferd, das für Sanftheit ausgerichtet ist. Wenn du das Innere (das du durch das Anbieten von Verbindung und Fühlen etabliert hast) und das Äußere (welches der körperlichen Fähigkeit alles Angeforderte auszuführen entspricht) zusammenfügst, erhältst du ein glückliches, gelassenes Pferd, das sich tatsächlich bei euren gemeinsamen Aktivitäten wohlfühlt. Ihr seid Partner.

Wenn du einem Pferd und Reiter dabei zusiehst, wie sie sich in Sanftheit gemeinsam bewegen, ist das ein mächtiger Anblick. Du kannst den Unterschied beinahe sofort ausmachen, auch wenn du gar nicht wusstest, dass du nach einem Unterschied suchst. Ein Pferd, das sanft ist, kann sich einem Gedanken folgend bewegen – als ob der Reiter sagt „Lass uns dort hinübergehen" und schon gehen sie; ihre Bewegungen scheinen vereint und mühelos, beinahe als ob da ein Fluss in ihnen wäre. Es ist eine wunderschöne Sache, das zu sehen.

Je mehr du zuhörst, desto mehr hörst du

Lee Cranney

Die Leute fragen mich oft, wie lange ich schon fliege und meine Standardantwort lautet „Mein ganzes Leben“. Aber tatsächlich begann ich in der Flugschule 1967, also sind es in Wirklichkeit *nur* etwa 47 Jahre. In meiner langen und einigermaßen durchwachsenen Karriere flog ich Propellerflugzeuge und Kampfhubschrauber, Düsenflieger und Turbopropmaschinen. Ich hatte VIPs und Truppen an Bord, Dynamit, Luftfracht und Hühner und Schweine, und ich bekämpfte Feuer und üble Burschen. Ich flog nach den Instrumenten ohne Referenz zum Boden, vertrauend auf Radar und Funknavigationshilfen.

Heute fliege ich den Sikorsky Firehawk Helikopter für die Bezirksfeuerwehr von Los Angeles. Wir bekämpfen Buschbrände; bringen verirrte Wanderer in Sicherheit, Kletterer und hie und da ein Pferd;

und fliegen Patienten vom Unfallort ins Krankenhaus. Sogar nach fast fünf Jahrzehnten genieße ich immer noch jede Minute davon. Wie wir paar Glücklichen, denen es vergönnt ist zu tun was wir lieben, gerne sagen: „Es ist in jedem Fall besser als für seinen Lebensunterhalt zu arbeiten."

Mit Pferden habe ich verglichen mit Fliegen weniger als ein Viertel der Zeit verbracht und das meiste davon war mit meinem Kumpel Dude, doch ich genoss jede einzelne Sekunde davon. Hättest du mir vor zehn Jahren gesagt, dass ich mich in ein Pferd verlieben würde, geschweige denn in Pferde, Plural, hätte ich dich vermutlich als verrückt bezeichnet. Als Dude mir als Zweijähriger gratis angeboten wurde, wurde mir gesagt, er habe „Probleme". Meine erste Frage war: „Was ist ein Problem?" Heute würde ich für ihn eine Kugel abfangen und ich glaube er weiß es.

Dude würde dir gerne mitteilen, dass „Mein Mensch ein langsamer Lerner ist… aber ich bemühe mich sehr, geduldig mit ihm zu sein." Seine Erleichterung, als ich endlich „auf die Reihe zu kriegen" begann, wie man den Trab sitzt, war spürbar. Mehr als eine Person hat mir gesagt, dass beinahe jeder andere dieses Pferd schon längst „abgegeben" hätte. Und vielleicht hätte ich das tun sollen. Lasst uns einfach nur sagen, dass Dude und ich das Gesetz bewiesen haben, dass ein Grünschnabel-Pferd plus ein Grünschnabel-Reiter gleich blaue Flecken ist. Wie dem auch sei, als Mark fragte, ob ich meine Ideen über den Zusammenhang von Helikopterfliegen mit Sanftheit und Fühlen bei Pferden teilen würde, war meine erste Reaktion „Hä?"

Aber als ich so darüber nachdachte, begann ich zu erkennen, dass eine Menge der Dinge, die zu lernen ich in meinem Leben Zeit verwendet hatte, in vielerlei Hinsicht auf den Umgang mit Pferden anwendbar ist. Einiges davon möchte ich mit Ihnen teilen. Erlauben Sie mir, als Einleitung ein paar grundlegende Dinge des Hubschrauberfliegens darzustellen.

Beginnen wir mit einem kleinen Vergleich zwischen Flugzeugen und Flugzeugpiloten und Helikoptern und ihren Piloten. Es ist richtigerweise davon gesprochen worden, dass Flugzeuge im Prinzip stabil sind und fliegen möchten. Wenn man sie alleine lässt, werden sie nett weiterfliegen, manchmal stundenlang, solange sie gut gewartet sind. Und falls etwas schiefgeht, gleiten sie in relativ moderaten Sinkflug, welcher ihren Piloten eine Menge Zeit gibt, dem Problem und was sie dagegen tun wollen, nachzugehen. Nicht immer natürlich (die Hudson River Landung[8] beispielsweise), doch für gewöhnlich.

Daher sind Flugzeugpiloten eher Optimisten.

Helikopter – zutreffend beschrieben als eine Million sich in engem Formationsflug bewegende Teile – sind ihrer Natur nach grundsätzlich instabil und wollen überhaupt gar *nicht* fliegen. Einmal im Flug sich selbst überlassen und in Abwesenheit eines sehr teuren Multiachsenautopiloten „kentern“ sie augenblicklich und machen sich in einem unkontrollierbaren Sinkflug auf in Richtung Boden.

Hubschrauberpiloten sind von daher eher fromme Pessimisten, dauernd damit beschäftigt, sich zu überlegen, was zu tun sei, falls irgendeines der sich drehenden Teile (Triebwerke, Rotorblätter, Rotoren usw.) beschließt, aus der zuvor erwähnten sehr knapp bemessenen „Formationsflug“-Einstellung auszubrechen, welche das Ding überhaupt fliegen lässt. Dauernd am Überprüfen und erneutem Überprüfen (buchstäblich mit allen fünf Sinnen), ob da etwas fehlt in irgendeinem der Unzahl von Systemen (Antriebsstrang, Rotorsystem, Hydraulik, Bordelektronik, Elektrik) und gleichzeitig das Teil auf Kurs zu seinem Ziel haltend.

---

8 Anm. d. Übers.: Hierbei handelt es sich um die Notwasserung eines US Airways Flugs im Jahre 2009 am Hudson River. Beide Triebwerke waren nach mehreren Zusammenstößen mit Vögeln ausgefallen. Sämtliche 155 Passagiere und Crewmitglieder des betroffenen Airbus A320 konnten von vorbeifahrenden Schiffen gerettet werden.

Meiner Meinung nach verbringen wirklich gute Hubschrauberpiloten ihre Flugzeit in dem sicheren Wissen, dass sie in den Griff bekommen können, was auch immer schiefgehen wird. Ich glaube, dasselbe kann von wirklich guten Pferdeleuten gesagt werden (nicht, dass ich einer wäre oder wahrscheinlich je einer werden würde). Dauernd das ganze Pferd spürend, sich dauernd dessen bewusst, worauf es sich konzentriert, was es beabsichtigt, und die Gedanken, seine Bewegungen, die Beine, Gewichtsverteilung und Balance, in dem sicheren Wissen, dass sie in den Griff bekommen können, was auch immer schiefgehen wird.

Die Ähnlichkeiten zwischen dem Fliegen von Hubschraubern und dem Arbeiten mit Pferden sind einerseits viel grundlegender und andererseits auch viel komplexer. Wie sämtliche Luftfahrzeuge haben Helikopter ein bestimmtes Betriebsgesamtgewicht, das von einigen Flugwetterdaten abhängt, unter anderem Höhe, Temperatur und Wind.

Von Tag eins der Flugschule an werden Hubschrauberpiloten die Konzepte der „Kontrollelement-Berührung“ und „Pilotentechnik“ nahegebracht. Diese beiden Konzepte sind praktisch dasselbe wie Sanftheit und Fühlen; wenn ich die zyklische Blattverstellung (den „Joystick“ oder einfach nur den „Knüppel“) ein ganz klein wenig bewege, ist der dem entsprechende Effekt auf den Hauptrotor eindeutig größerer. Dies verleiht dem Helikopter erstaunliche Manövrierfähigkeit und Vielseitigkeit, doch macht ihn auch äußerst empfindlich („zickig“, wenn man so will). Erfahrene Piloten lassen typischerweise ihre rechte Hand auf ihrem rechten Schenkel ruhen und machen kleine, fast unmerkliche Eingaben über den Stick, um gewünschte Veränderungen zu erreichen (klingt irgendwie nach Reiten, finden Sie nicht?). Und, nur um die Sache ein wenig interessanter zu machen, verlangt *jede* Eingabe mit irgendeiner der fünf Steuereinrichtungen eine kompensierende, korrigierende oder adjustierende

Kontrolleingabe mit allen anderen: „Tätschle deinen Kopf, während du deinen Bauch massierst."

Zur Illustration: Ein durchschnittlicher Pilot kann aus dem Startlauf unter Betriebsgesamtgewicht für eine bestimmte Höhenlage, Temperatur und Windbedingung abheben. Klammert er sich krampfhaft an den Knüppel oder zieht zu abrupt hoch, wird das Luftfahrzeug tatsächlich eher zum Boden zurückkehren als abheben. Normalerweise (und sofern der kommandierende Pilot sichergestellt hat, dass das Vehikel entsprechend den Bedingungen beladen wurde) gibt es einen eingebauten „Schummelparameter", was den verfügbaren Schub anbelangt, um auszugleichen und einem durchschnittlichen Piloten trotzdem das Abheben zu ermöglichen. Ein Pilot, welcher „Kontrollelement-Berührung" (Sanftheit) und „Pilotentechnik" (Fühlen) kultiviert, ist tatsächlich imstande, dasselbe Luftfahrzeug weicher und mit weniger Schub abheben zu lassen. Zwangsläufig wird es im Leben eines Hubschrauberberufspiloten irgendwann dazu kommen, dass er jene Kontrollelement-Berührung und Pilotentechnik braucht, um das Luftfahrzeug und alle an Bord zu retten. Daher werden uns Sanftheit und Fühlen als der Weg eingebläut, das Beste aus unseren Maschinen unter den übelsten Voraussetzungen herauszuholen.

Ich erinnere mich an eine Unterhaltung mit einem anderen Kursteilnehmer vor einigen Jahren, und wie ich diesen sagen hörte: „Jetzt frag von deinem Pferd dieses sanfte Fühlen ab." Obwohl ich die Idee verstand (Pilotentechnik), hatte ich keine Ahnung, wie ich das von Dude abfragen oder erkennen konnte, ob er reagiert hatte oder nicht.

Auftritt Mark Rashid. Auf unserem ersten gemeinsamen Kurs verbrachte Mark angemessen viel Zeit (vergessen Sie nicht, ich bin ein ziemlich langsamer Lerner) damit, uns beiden zu zeigen, wie ein sanftes Fühlen aussieht und wie es sich anfühlt, außerdem wie man es abfragt und wie man die Antwort erkennt.

In folgenden Kursen bauten wir auf jenem Wissen auf. Stellen Sie sich mein Erstaunen vor, als ich viel, viel später die mühelose Schönheit des Abfragens von sanftem Fühlen zu erfahren begann, oder eines Übergangs von einer Gangart in eine andere, oder einer Wendung ohne irgendwelche Berührung; einfach Gedanke, Verbindung und Atmen und dann machen wir es. Gemeinsam. Als Einheit. Passiert natürlich nicht immer, doch wenn es das tut, ist es wirklich eindrucksvoll. Und beinahe genug, um einen erwachsenen Mann zum Heulen zu bringen. Also, Sanftheit und Fühlen gleich Pilotentechnik und Kontrollelement-Berührung. OK. Macht einigermaßen Sinn.

Nun, ich bin mir dessen bewusst, dass Dude und ich ohne tickende Uhren arbeiten, ohne Vieh, das heimzuholen ist und ohne eine reale Aufgabe, die erfüllt werden muss. Meine einzige Aufgabe besteht darin, die absolut bestmögliche Beziehung zu einem Pferd aufzubauen, welches vom „Zureiten" an grob misshandelt wurde und dies insbesondere in den ersten dreißig Tagen des Trainings (was ich mittlerweile für einen Widerspruch in sich halte. Dreißig Tage? Wirklich?) Zur Hölle, gerade verbrachte ich Monate, ihn buchstäblich „neu zu starten", bis ich schließlich erkannte (wiederum die Sache mit dem langsamen Lernen), dass durch seine „Anreiter" tief in ihn hineingearbeitet sich in ihm die Furcht verbarg, dass das Satteln zu irgendwelchem angsterfüllten, womöglich schmerzhaften Zeugs führen würde. Diese zugekorkte Angst bei jedem einzelnen Ritt mit sich herumzutragen ließ ihn geladen zurück, bereit, beim ersten Anzeichen von etwas, dessen er sich nicht sicher war, in Deckung zu rennen.

Dann jenes: Eines Tages, ich ritt auf Dude, sagte Mark, ich sollte „das ganze Pferd reiten". Ich verstand das Konzept sofort. Erinnern Sie sich, als ich vorhin erwähnte, alle fünf Sinne zu verwenden, um das Luftfahrzeug zu fliegen? (Falls Sie sich bezüglich der Verwendung des Geschmacks- und Geruchssinns beim Fliegen wundern, wäre ich gerne bereit, Ihnen das zu erklären, aber es würde wohl den Rahmen sprengen.) Ich konnte jene Wahrnehmung des gesamten Flugkörpers auf eine langsam aufkeimende Wahrnehmung des gesamten Pferdes übertragen. Jeder Fuß, welchen Weg seine Gedanken, Energie und Gewicht als Nächstes geneigt sind einzuschlagen. Im selben Maße, in dem ich es schaffe, alles in der Wahrnehmung zu behalten, ist es mir möglich, dem Pferd/Luftfahrzeug zuvorzukommen. Piloten, deren Aufmerksamkeit innerhalb des Cockpits verbleibt, neigen dazu, Situationen nicht zu bemerken, welche sich um sie herum entwickeln – Wetter, andere Fluggeräte, Verläufe von Bränden usw. – was manchmal zur Katastrophe führt. Wir bezeichnen dies als „Situationsbewusstsein“ (sich allem um uns bewusst zu sein, nahe wie fern) und es ist mit Sicherheit auf die Reiterei anwendbar.

Ich beginne zu verstehen und bis zu einem gewissen Grad zu praktizieren, was Mark als die Notwendigkeit beschreibt, meinen Alltag mit Sanftheit zu leben und einer willkommen heißenden Verbindung, Austausch und Vermengung lebenden Offenheit, wenn ich sie auf meine Pferde und meine Reiterei anwenden möchte. Ich kann nicht den ganzen Tag zähneknirschend und meine Fassung verlierend herumlaufen und dann zu Dude gehen, um mit ihm Zeit zu verbringen und für ihn sanft zu sein.

Das ist dieser Tage von entscheidender Bedeutung, nachdem Dude und ich mit Freiheitsarbeit experimentieren. Es ist lohnenswerter als ich ausdrücken kann, in der Lage zu sein, ihn aus seiner Koppel zu lassen, ihm auf unseren fünf Hektar freien Lauf zu ermöglichen, zu ihm zu gehen, seinen Bauch zu kraulen oder ihn aufzuhalftern oder ihn von der anderen Grundstückseite aus zu fragen, aus dem Heulager rauszukommen und er macht es. Manchmal.

Doch ich lerne, dass in dem *Moment*, in welchem ich mir auch nur erlaube, irritiert oder enttäuscht zu sein, er dies spürt und woran immer wir (ich) gearbeitet haben (habe) ist von diesem Zeitpunkt an zum Scheitern verurteilt. Also wird was immer er tut (besonders wenn es nicht das ist, das ich glaube von ihm abzufragen) *exakt* zu dem, worum ich ihn gebeten habe (oder zumindest zu einer viel besseren Idee als meiner), sodass er dem gegenüber offen bleibt, worum ich ihn wirklich bat. Gratulation, wenn das für Sie Sinn macht – wir sprechen über eine Gratwanderung auf Messers Schneide.

Nun, verstehen Sie das nicht falsch; Dude ist kein Trigger und ich bin keineswegs Roy Rogers (aber wer will das schon sein, oder? Wie viele Pferde glauben Sie haben sie wohl gebraucht, bevor eines stillstand, damit Roy vom Balkon des ersten Stocks aus auf seinen Rücken springen konnte? Und wie war er überhaupt beieinander… egal, ich schweife ab), aber (und ich weiß, dass Leckerlis für Pferde bei manchen Leuten Stirnrunzeln erzeugt) Dude kann das Knistern des Papiers eines zuckerfreien Pfefferminzbonbons quer über das Grundstück hören. Manchmal kristalliert sich das und mein „Kommst Du, Dude?" aus seiner Liste der Dinge heraus, welche er *in diesem Moment* tun möchte. Und siehe da, er wird herüberspazieren und geruhen, sich das Bonbon zu nehmen.

Oder imstande zu sein ihn zu fragen, einen halben Schritt zurückzutreten, während er kopfüber in der Futterraufe steckt (und ich drei Meter entfernt bin), und er es tut. Um allerdings ihm gegenüber fair zu sein, versuche ich, einen Grund für meine Anweisungen zu haben (Bauchkratzen, Füße überprüfen oder Fliegenspray beispielsweise) aber manchmal ist es auch nur, weil ich es für nötig halte, es von ihm zu verlangen. Und ich versuche ihm eine Wahl zu lassen, wo ich kann.

Sehen Sie, ich glaube mittlerweile, dass diese ganze Kommunikationsgeschichte keine Einbahnstraße ist. Und dass die meisten Pferde sich einfach daran gewöhnen, vom Menschen nicht zu erwarten, dass er Pferdisch versteht. Vor einiger Zeit, als diese Erkenntnis sich einzuschleichen begann, schien mir, ich hätte die Aufgabe, wirklich ganz genau auf irgendetwas von ihm zu achten, das eine Frage oder eine Aussage war. Dies begann als (in dem Versuch, Tom Dorrance' Rat zu folgen, alles was ich konnte zu tun, um dem Pferd dabei zu helfen, bei mir sein zu wollen) ich bemerkte, dass meine Pferde von der anderen Seite der Weide zu mir für einmal Bauchkratzen kommen würden; die Stute tatsächlich ihr Hinterbein anheben würde, um mir zu zeigen, wo sie gekratzt werden wollte. *Oha*, dachte ich; *Ich frage mich, was sie sonst noch versuchen könnten, mir zu sagen.*

Also ermuntere ich das, wann immer ich kann. Sogar wenn sie nicht versuchen, mir etwas mitzuteilen benehme ich mich, als ob sie es täten und siehe da, das Pferd beginnt zu erkennen, dass ich zuhöre und es beginnt zu wachsen. Beginnt mit einem Verständnis, dass sie zu mir für Annehmlichkeiten kommen können (wie dieses Bauchkratzen, oder das Gesicht abzuwischen nach dem Abnehmen des Kopfstücks) und wer weiß, wo es enden wird.

Ich werde eine Reihe von Ereignissen aus jüngster Zeit mitteilen, die zweifellos in die „du wirst es sehen, wenn du es glaubst" Kategorie fallen. An einem heißen Morgen fuhr ich mit dem Heutraktor runter zu Dudes und Gypsys Koppel und sie erwarteten mich am Tor (etwa zwanzig Meter vom Parkplatz des Traktors entfernt). Gypsy, die Stute, war zuerst dran, also begann ich ihr kräftig das Fell zu kratzen. Dude (der es *liebt* gekratzt zu werden) wartete geduldig, bis ich fertig war. Als ich mit Gypsy soweit war, bat ich sie zur Seite, sodass Dude an die Reihe kommen konnte. Das machte sie, und als ich begann, die paar Schritte zu Dude hinüberzugehen, sah er mir direkt in die Augen, wandte sich clever ab, ging forschen Schrittes an das Ende der Koppel, wo sich der Heutraktor befand, blieb stehen und blickte zu mir mit ernstem Ausdruck zurück. „Ok, mein Freund", sagte ich, „Ich werde dir was zu essen besorgen." Es war nicht Mittagessenszeit, aber ich gab allen trotzdem einen kleinen Imbiss. Sehen Sie, sogar hätte er mir nicht gesagt, dass er etwas essen wollte (er hatte es mir gesagt, aber um der Argumentation willen), verhalte ich mich „als ob“ und schließlich beginnen sie zu begreifen, dass sie eine Wahl haben.

An jenem Nachmittag, während Mark unterrichtete, schlich ich mich auf den Reitplatz, streckte mich über den Trennzaun, um Dude zu streicheln, berührte den Draht (ich vergaß, dass der Strom in diesem Koppelbereich noch eingeschaltet war) und vollführte einen doppelten Salto rückwärts, als mich der Schlag erwischte. Jedes Pferd und jeder Mensch in Seh- oder Hörweite reagierte natürlich, einige athletischer als andere.

Kleinlaut kroch ich vom Platz, mich auf dem ganzen Weg entschuldigend.

An nächsten Morgen war ich zurück auf Dudes Koppel, am anderen Ende (wo der Draht zwar auch vorhanden war, aber nicht unter Strom stand). Dude, Gypsy und ich beobachteten Mark und seinen Schüler auf dem Reitplatz und ich bemerkte, dass Dude mir einen absichtsvollen Blick zuwarf.

Meine Aufmerksamkeit auf ihn richtend frage ich: „Was, mein Junge?“ Er drehte sich absichtlich zum Stromdraht (der stromlos war) und „stupste“ ihn mit seiner Nase. Ich dachte *Na ja, das ist ziemlich dämlich für ein cleveres Pferd*, als er mich direkt ansah (*Pass auf!* schien er zu sagen) und *es wieder machte*! *Oha!* dachte ich. *Entweder sagt er mir, dass ich mir wegen dieses Drahts keine Sorgen zu machen brauche oder dass ich ihn entfernen solle oder beides.* Ich verließ die Koppel, ging in den Schuppen um den Bolzenschneider zu holen, kam zurück und nahm die dreißig Meter Draht ab. Als ich ihn aufrollte, ging Dude weg und zurück zum Essen und ich verließ die Koppel staunend darüber, was soeben geschehen war.

Ich entschuldige mich, sollte diese Art von Beziehungsaufbauzeug sich vom Thema Sanftheit und Fühlen entfernen (beides natürlich ebenfalls beziehungsbildend) aber es ist so cool, dass ich es mitteilen wollte. Ich finde es in Ordnung, wenn Sie nicht die Zeit aufwenden wollen, diese Art Sachen mit Ihrem Pferd zu erkunden. Doch in meinem Fall hilft das Vertrauen, welches dadurch kontinuierlich aufgebaut wird, Dude wirklich, sich gut zu fühlen und seinen Platz in der Welt zu mögen, sich zu entspannen und es zu genießen, mit mir rumzuhängen. Wenn ich mit ihm etwas am Boden mache, das ihn beunruhigt, presst er seine Nase an mein Brustbein und blickt mir direkt in die Augen. Ich verstehe ganz deutlich, dass er von mir bestätigt bekommen möchte, dass „alles ok" ist und das, was wir tun notwendig ist.

Es wird mir dann klar, dass Pilotentechnik und Kontrollelement-Berührung, dem Luftfahrzeug voraus zu sein und die ganze Maschine zu fliegen auf die Reiterei genau so anwendbar sind wie auf das Helikopterfliegen. Dass sie mir mehr als vierzig Jahre lang eingebläut wurden macht mich natürlich nicht zu einem Pferdemenschen, aber nun bin ich, dank Mark, imstande, Sanftheit, Fühlen und das Reiten des ganzen Pferdes zu verstehen. Manchmal verstehe/n ich/wir sie sogar einzusetzen.

Zum Schluss möchte ich mich von Herzen bei Mark und Crissi bedanken, dass sie mir und Dude den Weg gewiesen haben. Es würde vieler Worte bedürfen zu beschreiben, wie problembehaftet Dude wirklich war, als wir anfingen mit Mark zu arbeiten. Vor wenigen Monaten sagte Mark zu mir: „Ich denke, du hast mit ihm die Kurve gekratzt", und ich war so dankbar. Es wird einfach von Ritt zu Ritt besser.

Sollten Sie also nicht bei Mark geritten sein, haben Sie und Ihr Pferd eine Möglichkeit verpasst, eine ganz neue Dimension der Reiterei zu erleben. Keine Spezialstöcke, -Ausrüstung oder -Kurse müssen gekauft werden. Nur ehrliche, fachkundige, von-Angesicht-zu-Angesicht-Ideen und -Vorschläge, Ihnen zu helfen – und damit – Ihrem Pferd.

Ein letzter Gedanke: Die Luftfahrtbehörde verlangt von den Piloten, eine gründliche Vorflugkontrolle durchzuführen. Dies ist eine gute Angewohnheit, die wir uns alle bemühen zu kultivieren und eine, wie mir scheint, auch für Pferdemenschen förderliche.

Also halten Sie das spitze Ende nach vorne und die schmutzige Seite nach unten, halten Sie die Rotordrehzahl im grünen Bereich und kratzen Sie ihm hie und da den Bauch. Oh, und versuchen Sie ihm die Wahl zu lassen. Vielen Dank, dass Sie sich die Zeit genommen haben, das zu lesen. Ich hoffe wirklich, dass Gott Sie beschützt… und das Pferd, mit dem Sie angeritten kamen!

Sanftheit kultivieren

Lasell Jaretzki Bartlett

Sanftheit ist, was zum Vorschein kommt, wenn wir keine Verteidigung brauchen.

Meine hauptsächliche Arbeit beschäftigt sich mit Menschen, die sich bis an einen Punkt gewehrt haben, an welchem ihre Familie, Schule, Arbeit, Gesundheit, Freizeit und andere Beziehungen Schaden nahmen. Zudem arbeite ich mit Leuten, deren physische Möglichkeiten aufgrund von Genetik oder Unfällen eingeschränkt sind.

Meistens führe ich eine Veränderung in anderen nonverbal durch meine Präsenz herbei, obwohl meine fachmännische Ausbildung und Erfahrung freilich verbale Interventionen miteinschließt. Ich verwende Worte, um Lernen mittels Erlebnissen anzuregen und zu führen und tue mein Bestes, um Menschen aus ihrer Defensive zu reden. Das Ziel der Verwendung von Worten ist es jemandem dabei zu helfen, Trost in seiner Innenwelt zu finden, wo es keine Worte gibt.

Bin ich sanft in meiner Reaktion auf jemandes Abwehrhaltung, wirkt dies entwaffnend und erlaubt der Person, neue Möglichkeiten zu erkunden, neue Wege und Verbindungen zu knüpfen. Sanft zu sein ist meine Art, andere zu unterstützen, während sie Mühe in ihrem Lernprozess haben... wo jedes Bedrängen verschwindet, um jemand anderes Lebensangst zu lindern.

Je mehr ich Sanftheit in mir kultiviere, desto effizienter bin ich im Erzeugen eines sicheren Umfeldes, in welchem andere in ihrer Reise zur Ganzheit verschiedene Teile ihres Selbst aufdecken, wiederfinden und entdecken können.

Ich selbst bin ebenfalls auf einer Reise zu Ganzheit, und um Sanftheit zu finden war ich auf die Hilfe derer angewiesen, die schon weiter darin sind. Im Gegenzug möchte ich die Sanftheit teilen, die ich gefunden habe, mit jedem, der einen Weg des Seins sucht, der einfacher, klarer und auf die erstaunlichsten Arten reicher ist.

Mit Menschen in Kontakt zu kommen, die mit relativ wenigen und seltenen Momenten von Abwehrhaltung leben war eines der größten Geschenke in meinem Leben. Diese Beziehungen erinnern mich daran, dass immer noch mehr Sanftheit möglich ist und inspirieren mich jedes Mal neu, meine Übungen der Entwicklung von Sanftheit weiterzuführen. Es handelt sich um ein tiefgreifendes Geschenk, welches in meinem Zentrum sein Domizil aufschlägt und Veränderungen hervorruft, die Bestand haben über die Zeit hinaus, in welcher ich mich in der Einflusssphäre jener befand, die schon weiter sind.

Da ist ein Element des „Nicht-Wissens“ im Kern von Sanftheit. Mit Nicht-Wissen im Reinen zu sein gewährt mir Zugang zu neuen Fragen, die ich anderen anbieten kann, um ihnen bei ihrer Suche zu helfen. Diese Fragen dienen sowohl dem Initiieren einer inneren Suche als auch Sinn zu finden in einer bereits fortgeschrittenen Suche.

Neugier und Staunen jedem zu übermitteln, den ich treffe, hilft mir präsent zu sein und einer Vielzahl von Kommunikationen mit anderen folgen zu können. So kann ich die Suche nach Ausgeglichenheit und Lebenskraft willkommen heißen und unterstützen, und es scheint eine weit förderlichere Motivation darzustellen als sich ausschließlich den Symptomen der Trübsal einer Person zu widmen.

In Sanftheit zu sein gestattet tiefe Atemzüge, tiefe Ruhe und tiefe Verbundenheit. Es ist eine Wahl, die ich immer wieder treffe.

„Fühlen“ ist ein Zeitwort

Tim Harvey

„Fühlen“, wie ich es lebe und erlebe in meiner Reiterei, ist ein Zeitwort, kein Hauptwort. Es ist eine Art und Weise, an einer wechselseitigen Kommunikation teilzunehmen und sich auszutauschen. Hier geht es ebenso viel um Empfangen wie um Senden. Ich höre Pferdeleute und –Ausbilder, wie sie sich immerzu auf Fühlen beziehen, als ob es etwas wäre, nach dem man nur die Hand auszustrecken bräuchte und es dem Pferd entreißen. Oft höre ich die gängigen Phrasen. „Hol dir ein Gefühl dafür!“ „Wie sich das Pferd *an*fühlt... jetzt fühl *mit* deinem Pferd!“ Oft wird davon gesprochen, doch selten, falls überhaupt, wird es beschrieben und, mit wenigen Ausnahmen, nie wirklich gelehrt. Ich glaube, der Grund, dass man nicht sehr oft Beschreibungen des Fühlens hört, ist ein einfacher. Wahres Fühlen ist eine sehr persönliche Erfahrung und ich denke, wie es erreicht wird, unterscheidet sich sehr von Person zu Person.

Es existieren Ebenen und Stufen, Fühlen mit einem Pferd zu erreichen. Für mich hat Fühlen fünf Ebenen oder Bestandteile: physisch, mental, energetisch, emotional und spirituell. Jede Ebene hat Vorzüge und Vorteile und ich strebe danach, in allen fünf Ebenen gleichzeitig zu arbeiten, wenn ich in Gesellschaft meines Pferdes bin.

Die physische Manifestation, die wir in unserer Reiterei suchen, ist ein Ergebnis des Erreichens von Fühlen auf diesen Ebenen. Es findet seinen Kern in und beschäftigt sich vordringlich mit *der Erwartung einer Kommunikation*. Es ist definiert als jener Moment, in welchem du erkennst, dass du nicht aussprechen musst, wie es weitergeht; dein Partner weiß es bereits und du gehst einfach weiter zur nächsten Bewegung.

Es ist das Zulassen des Flusses von Ideen und Energie über den ebensten Weg, indem man ihn nicht behindert und mit der geringsten Anstrengung und der kleinstmöglichen Menge an Information auskommt. Kein Durcheinander. Keine Wellen oder Spritzer, nicht einmal ein Gurgeln. Nicht nur die Hände sanft machen, sondern auch deine Augen, dein Herz und deine ganze Existenz. Sich öffnen, um Angebote, die auf dich zukommen, wahrzunehmen und über sie nachzudenken. Nicht vorschreiben, wie die Dinge sein werden, sondern sich einlassen auf das Konzept, dass Fühlen keine Einbahnstraße ist und dass dein Partner einen besseren Weg wissen könnte, zum Ziel zu gelangen. Fühlen ist nicht nur etwas, das du *an* deinem Pferd machst, sondern *mit* deinem Partner.

Es ist ein Tanz, in dem die Partner leise über den Boden gleiten, sanft umschlungen und so verbunden, dass es schwer auszumachen ist, wo der eine endet und der andere beginnt. Es geht um das Vertrauen darauf, dass dein Partner bereits weiß, was als Nächstes kommt. Dass du keine Anweisungen geben musst, sondern stattdessen vorschlägst oder fragst. Dann verstell nicht den Weg und geh mit deinem Partner als ein Team. Es bedeutet, dass du manchmal führst und manchmal folgst. Die Übergänge zwischen Führen und Folgen sind nahtlos, ruhig und sanft. Es geht darum, nicht nur mit deinen Ohren zuzuhören, sondern auch mit deinem Herzen und deiner Seele. Deinem Partner von jenem geheimen Ort in dir aus zu antworten, zu dem zu reisen du selbst manchmal Angst hast. Diesem Platz zu vertrauen. Diesen Platz deinem Partner zu öffnen. Dort liegt wahres Fühlen. Dort wo die Quelle der Sanftheit emporsprudelt. Lass es fließen und nicht nur deine Reiterei wird sich ändern, sondern auch dein Leben.

Wenn ich auf mein Leben zurückblicke und sowohl meine Berufungen, als auch meine Nebenbeschäftigungen bedenke, erkenne ich, dass ich mich immer dann am wohlsten fühlte, wenn ich der Welt von der Ebene des Fühlens aus begegnet bin. Als Kind zog es mich zu Freizeitbeschäftigungen und Aktivitäten, die Fühlen betonten. Als ich heranwuchs, waren die Sportarten, denen ich mich widmete, eher Einzel- denn Mannschaftssportarten und um in ihnen zu brillieren, war ein großer Anteil Fühlens notwendig. Als sehr konkurrenzfähiger Schwimmer erzielte ich als Jugendlicher staatliche Rekordzeiten in mehreren Disziplinen. Die feinen Nuancen, die nötig waren, um meine Konkurrenten zu schlagen, waren durch meine Fähigkeit bestimmt, meinen Weg durch das Wasser mit der geringsten Menge an Widerstand und der größten Menge an Geschwindigkeit hindurchzufühlen. Ich erinnere mich, während des Schwimmens mit verschiedenen Atemrhythmen, Handpositionen und geistigen Zugängen experimentiert zu haben.

Ich meditierte, während ich schwamm, meine Gedanken konzentriert auf das Fühlen des Wassers, wie es an verschiedenen Teilen meines Körpers vorbeifloss. Ich erkannte, dass ich sowohl den Widerstand als auch die Reibungslosigkeit verschiedener Ansätze fühlen konnte. Jene feine Differenzierung zu finden und in der Lage zu sein, stark und gleichzeitig sanft zu agieren, war der Schlüssel zum Erfolg.

Ich bemerkte dass ich es mochte zu gewinnen. Ich hatte die physischen und energetischen Bestandteile zu fühlen entdeckt!

Ich begann als Jugendlicher in den späten sechziger Jahren Motorradrennen zu fahren. Zunächst fuhr ich Hare Scrambles[9] und dann Motocross. Ich steigerte mich zu Enduro, oder Cross-Country, und dann zu Straßenrennen. Von außen betrachtet sieht es so aus, als ob du halt so einfach über die Strecke fetzt, doch in Wirklichkeit ist eine ganze Menge an Finesse gefragt, um mit Höchstgeschwindigkeit über das raue Terrain zu navigieren und gleichzeitig deinen Mitbewerbern auszuweichen. Der beste und effizienteste Punkt der Kraftumwandlung ist, wenn dein Hinterrad gerade dabei ist, die Reibung zu verlieren. Jetzt zu viel Kraft und dein Rad dreht durch und du verschwendest die Kraft, nach der du suchst. Zu wenig und du sinkst ein und fällst zurück. Diese feine Grenze zu fühlen, den Zerreißpunkt zu finden und sich auf dem schmalen Vorsprung über dem Abgrund wohlzufühlen sind *die* wichtigsten Zutaten. Für manche mag es wie am Rande einer Katastrophe wirken. Aber wenn es aus einer Perspektive des Fühlens gemacht wird, ist es berauschend.

Als ich mit Straßenrennen begann, machte die gesteigerte Geschwindigkeit die Fähigkeit, unbewusst zu agieren, d.h. Fahren mittels Fühlen, sehr viel bedeutsamer, um erfolgreich zu sein. Wenn du nicht imstande bist dich dort wohlzufühlen, kurvst du nur einfach auf der Strecke herum statt rennzufahren. Der einzige Weg, sich dort wohlzufühlen, besteht darin, imstande zu sein, seinem Gespür für Fühlen zu vertrauen. Gib dir ausreichend Zeit zu erkennen, dass du an diesem Punkt angekommen bist und versuch, nicht zu viel darüber nachzudenken. Ich habe gelernt, dass Fühlen verloren gehen

---

9 Anm. d. Übers.: Hare Scrambles sind Motorradrennen, bei denen die Piste wie im Motocross und Cross-Country über natürliches Gelände führt, jedoch im Gegensatz zu letzteren beiden bei engerer und kurvigerer Streckenführung.

kann, wenn du versuchst, es in deinem Kopf zu finden. Konzentration kann ein Feind sein. Ich lernte, meiner eigenen Eingebung zu vertrauen und dass es wichtig ist, die Ergebnisse meiner Entscheidungen zu akzeptieren ohne zweites Hinsehen oder analytische Prozesse. Ich fügte die mentale Komponente des Fühlens zu meinen Werkzeugen hinzu.

Die meiste Zeit meines Erwachsenenlebens über verdiente ich meinen Lebensunterhalt als Tischler und als Seemann. Obwohl dies zwei grundverschiedene Bereiche zu sein scheinen, sind sie doch durch das gemeinsame Element des Fühlens verknüpft. Meine Fertigkeiten der Holzbearbeitung lernte ich, während ich auf hölzernen Booten arbeitete. Du verwendest kein Lineal und Lot wie im Hausbau. Obwohl Werkzeuge wichtig sind, ist im Bootsbau Fühlen ein integraler Bestandteil des gesamten Prozesses. Jedes Stück ist relativ zu irgendeinem anderen Stück. Wie mein Mentor Richie mir bereits früh sagte: „Wenn es gut aussieht, ist es gut. Wenn es sich gut anfühlt, ist es besser." Ich lernte meinen Weg durch ein Stück Holz hindurch zu fühlen. Ich wählte Holz für ein Werkstück basierend darauf aus, wie ich mir vorstellte es zu verwenden. Ich fühlte die Maserung und berührte die Oberfläche, um zu beurteilen, ob es sich gut biegen würde ohne Sprünge oder Splitter. Nahm es in der Mitte hoch, um zu sehen, ob es im Gleichgewicht und überall von gleicher Dichte war. Manchmal wählte ich ein Stück Holz aus oder lehnte es ab, einfach nur nach dem, wie es sich in meinen Händen anfühlte. Ich traf Entscheidungen mittels eines nicht greifbaren Prozesses, der einzig meiner Vorstellung entsprang und auf meinem Fühlen der beteiligten Faktoren beruhte.

Ich schätze mich glücklich, einen Mentor gehabt zu haben, der meine Entscheidungen nie kritisierte. Er förderte mich und erlaubte mir, auf einer Ebene zu lernen, welche nur wenige andere die Chance haben zu erleben. Hatte ich recht, war meine Arbeit die beste; hatte ich mich geirrt, war sie immer noch gut. Ich lernte aus meinen Fehlern doch ich lernte mehr aus dem Vertrauen auf das Fühlen meines Tuns. Dies verstärkte die physischen, mentalen und energetischen Komponenten des Fühlens. Mehr und mehr wurde mir bewusst, dass ich an etwas dran war, das mein Leben grundlegend beeinflussen würde.

Ich habe mehr als 150.000 Kilometer auf See zurückgelegt. Meistens auf Segelschiffen. Wenn ich daran denke, wie wichtig Fühlen beim Segeln ist, kann ich nicht verstehen, wie man ohne überhaupt segeln könnte. Wenn du ein Boot mittels Wind bewegst, basiert alles auf Fühlen. Ich lernte Segeln auf einem Fünf-Meter-Boot. Ein so kleines Boot übermittelt Botschaften rasch und effizient. Es war eine wunderbare Schule. Du kannst jeden Hauch und jede Flaute im Wind fühlen. Fühle die Veränderungen im Wind. Fühle, wie sich die Hülle mit jedem Wellenberg hebt und sich in jedes Wellental schmiegt. Fühle die Erschütterung der Hülle, wenn sie von vorne auf eine Welle kracht und fühle sie schweben und sich heben, während du auf der Rückseite hinabgleitest. Du fühlst das Wasser am Ruder in deiner Hand entlangfließen, wenn du sie durchpflügst.

Wenn dein Segel gut getrimmt ist, liegt es nicht schwer im Wind oder unter viel Widerstand. Es fühlt sich an, als würdest du fliegen und das Boot möchte in die Richtung gehen, die du anweist. Es fühlt sich an, als ob dein Boot von einer unsichtbaren Hand in den Wind gehoben wird. Es ist begeisternd! Im Gegensatz dazu, sind deine Segel zu straff oder zu weich, liegen sie stattdessen schwer und widersetzlich in deinen Händen. Das Segel sieht flach aus und fühlt sich flach an oder flattert. Das Boot fühlt sich eher an, als ob es Arbeit verrichten müsste denn als würde es fliegen. Es fühlt sich an, als ob es auf der Suche wäre anstatt entschlossen, einem Kurs zu folgen.

Beim Segeln lässt sich die Windrichtung am besten danach beurteilen, wie er sich auf deiner Haut anfühlt. Obwohl es heutzutage

Instrumente für diese Information gibt, sind die besten Seeleute diejenigen, die Instrumente weder brauchen noch sich auf sie verlassen, um ihre Segel zu trimmen und ihre Schiffe über die Oberfläche der See zu steuern. Sie tun es mittels Fühlen. Da ist ein intuitives Fühlen am Werk. Das Fühlen des Windes, das Fühlen am Steuerrad oder Ruder, das Heben und Senken der Hülle auf den Wellen, das Fühlen des gesamten Schiffs, wie es durch das Wasser pflügt oder die Erschütterung unter Druck. All diese Dinge und mehr verbinden sich zu einer Sache, die in Wirklichkeit zwei sind: das Fühlen des Schiffs und das Fühlen der See. In einsamen Momenten auf See fand ich mich manchmal von der Vorstellung eingenommen, ich wäre drauf und dran, etwas über mich und die Welt zu entdecken. Doch ich konnte es nicht festmachen. Wie eine Bewegung am Rande des Gesichtsfelds: blickte ich direkt darauf oder dachte zu angestrengt, verschwand es. Ich fand mich auf der Suche nach Einsamkeit wieder und nach Gelegenheiten der Innenschau, die das Dasein auf See bot. Ich tauchte ein in die emotionale Seite des Fühlens. Mir zu dieser Zeit unbekannt klopfte auch das spirituelle Element an meine Tür.

Als Junge war ich unter Pferden und Maultieren. Meine Oma hatte Maultiere auf ihrem Hof in South Carolina. John, Omas Knecht, konnte diese Maultiere so ziemlich zu allem bringen, was er wollte und er tat das mit einer ruhigen Einfachheit, welche sogar einen Zehnjährigen beeindruckte. Kate war mein Lieblingsmaultier. Wenn sie auch mit den meisten Leuten nicht kooperierte, vor allem nicht mit Oma, machte sie doch alles für John. Sie zog einen Pflug oder Grubber, führte einen Wagen Abfall auf die Müllhalde, stand stundenlang ruhig im Geschirr und ging auf direktem Weg in ihren Stall, wenn John zu ihr sagte: „Geh auf dein Zimmer, Schatz!“ Ich liebte es, wenn Kate mich und meinen Cousin Eddy trug – ohne Sattel und Zaumzeug – während sie John bei der Erledigung seiner täglichen Pflichten hinterherging.

Eines Tages fragte ich John: „Wie befiehlst du Kate zu tun, was du möchtest?“

Bis heute besteht meine Idealvorstellung vom Weihnachtsmann, wie er sein sollte, aus John in jenem Moment, in dem er meine Frage beantwortete. Die Hände auf seinem Bauch, lachend mit zurückgeworfenem Kopf, der Spaß sprudelte nur so aus ihm heraus.

„Ich *befehle* Kate gar nichts! Ich frage sie nur nett. Sie macht es, weil ich nicht sage, dass sie es *muss*.“

Auf diesen Moment habe ich mich oft in Begleitung von Pferden besonnen.

Immer mal wieder ritt ich Pferde, als ich heranwuchs und hatte ziemlich viel mit ihnen in meinen Dreißigern zu tun, als ich vier Töchter aufzog, jede von ihnen pferdeverrückt. Ich kaufte ihnen Pferde und natürlich erledigte ich schlussendlich eine Menge der Pflege. Wenn ich schon die Arbeit machte, könnte ich ebenso gut auch gleich reiten, entschied ich, und so kaufte ich mir selbst ein Pferd. Doc war von der Rennbahn und er kam mit einer *Menge* Altlasten. Er sollte sich als erstklassiger Lehrer erweisen. Er war ein Appendix American Quarter Horse. Bis er neun war, war er Kurzstrecke gelaufen und ich bekam ihn mit elf, nach einem misslungenen Versuch seines früheren Besitzers, ihn für Barrel Racing zu verwenden. Er hatte zwei Geschwindigkeiten: an und aus. Von Anfang an brachte er mir viel über Fühlen bei. Es bedurfte *sehr* wenig, ihn zum Gehen zu bringen und einer riesigen Anstrengung, ihn wieder zu stoppen.

Ich begab mich auf die Suche nach einem Weg mit ihm zu arbeiten, welcher nicht eines neuen Ausrüstungsgegenstandes oder Werkzeugs bedurfte. Ich stieg *ganz* groß ins emotionale Trainingsprogramm ein. Doc half mir zu erkennen, dass Fühlen ein Weg in beide Richtungen war. Bis er auftauchte, dachte ich, ich wäre ziemlich gut im Fühlen. Auf einer bestimmten Ebene war ich das auch. Ich konnte viele Dinge fühlen und ich hatte sanfte Hände. Doch mir fehlte die

Emotionale-Fitness-Verbindungsbrücke. Ich verstand nicht, dass es bei Fühlen manchmal um etwas ging, das du nicht physisch berühren kannst. Diese Erkenntnis war eine Offenbarung und sehr bewegend. Ich verbrachte viele Jahre mit Doc. Er führte mich an Orte und eröffnete mir Möglichkeiten, von denen ich nicht einmal geträumt hatte. Er bereitete mich auf den nächsten Schritt vor-meine Einführung in das spirituelle Element des Fühlens.

Ich begegnete Tico 2000 auf einer Einrichtung des BLM[10]. Er ist ein Sulphur Springs Mustang. Sorraia Blutlinien aus Portugal, die bis zu den Konquistadoren und weiter zurückreichen. Ein Kriegspferd. Die Art von Pferd, die sich seinen Menschen erwählt. Die mit einer Person eine Beziehung eingeht und es einer anderen nicht einmal erlaubt, sie zu berühren. Er kam ohne Namen zu mir. Aus Gründen, die zu vielfältig sind, um sie hier zu erörtern nannte ich ihn Estrella Atlantico do Ponta Preta. Stern des Atlantiks vom schwarzen Kap. Kurzform Tico. Mein Sensei war gekommen!

Mark hat in einem seiner früheren Bücher über Tico geschrieben, also werde ich mich an dieser Stelle nicht ausführlich mit ihm beschäftigen. Es genügt festzuhalten, dass Tico mir die Wichtigkeit der spirituellen Natur von Fühlen enthüllt hat. Ebenso enthüllte er mir, dass solange Fühlen nur auf einer Ebene erlebt wird, es einfach nur ein Teil von etwas bleibt, das ganz sein könnte. Um sich völlig zu verbinden, um zu fühlen, musst du dich der physischen, energetischen, geistigen, emotionalen und spirituellen Natur jeder einzelnen Interaktion öffnen.

Tico lehrte mich *so* viel dessen, was Fühlen für mich geworden ist. Die Wichtigkeit, nicht nur dann im Jetzt zu sein, wenn es ange-

---

10 Anm. d. Übers.: BLM steht für „Bureau of Land Management“, eine Bundesbehörde der USA zur Verwaltung der „public lands“, des öffentlichen Landbesitzes, der ein Achtel der Landmasse ausmacht.

nehm ist, sondern dort zu leben, so oft es dir möglich ist. Lieber Trost in Ruhe und Akzeptanz dessen, was *ist* zu finden statt Enttäuschung in dem, was *nicht* passiert. Freude in dem zu entdecken, was in jedem einzelnen Moment angeboten wird, und eher gemeinsam an Zielen zu arbeiten anstatt einfach Erwartungen zu hegen. Eher zuzuhören statt zu sprechen, aber sich wenn nötig zu Wort zu melden. Zu erkennen, dass ein intakter Charakter so viel mehr wert ist als ein gehorsamer Diener.

Tico brachte mir bei, die ruhige Beherztheit darin zu fühlen, etwas zu versuchen, wenn dein ganzes Wesen dir sagt, es nicht zu tun – es zu versuchen, weil jemand, dem du vertraust dich gebeten hat, diese Sache *mit* ihm zu machen. Die Echtheit, wirklich dieses „Miteinander-Gehen" zu fühlen und die Verbundenheit, die es aufbaut. Er lehrte mich, die Freude an Freiheit zu fühlen und dass mit Liebe loszulassen das höchste Geschenk sein kann. Dass Furcht überwunden und Vertrauen angenommen werden kann. Dass Mut nicht die Abwesenheit von Angst ist, sondern trotz Angst weiterzumachen. Jene Angst zu fühlen, sie zu erkennen und zu überwinden bringt Frieden. Er lehrte mich, dass, um wirklich zu fühlen, ich vergessen muss, was ich zu finden erwarte, und mich stattdessen dem öffne, das angeboten wird; ferner zu akzeptieren, dass das Angebotene echt und wahr ist. Im Gegenzug muss ich danach trachten, zu allen Zeiten mein Bestes zu geben. Ehrlich zu sein in meinen Absichten, denn mein Pferd weiß bereits, aus welcher Ecke ich komme. Daran Abstriche zu machen entehrt die Partnerschaft. Tico lehrte mich, dass Leben ohne Seele nur bare Existenz darstellt. Er lehrte mich, dass sich Fühlen nicht um das Gewicht in unseren Händen dreht; es dreht sich um die Leichtheit in unserem Herzen. Wahres Fühlen benötigt mehr als einen Teilnehmer im Prozess. Es ist eine Sprache eines höheren Seins.

Also, was ist Fühlen nun? Wie ich am Anfang sagte ist es eine sehr persönliche Reise. Die Erfahrungen, welche ich beim Motorradrennfahren, Segeln und in der Holzbearbeitung sammelte, spielten eine Rolle in der Entwicklung dessen, was ich nun als Fühlen erachte. Sie entbehrten jedoch eines kritischen Bestandteils: eines lebenden, atmenden Partners, der in einem Prozess der Kommunikation teilnimmt. Daher kann Fühlen für viele Leute verschiedene Dinge bedeuten, denke ich. Für mich muss eine Kurzdefinition den Ausdruck „Vorhersehen der Kommunikation“ beinhalten. Ich habe hier meine derzeitige Definition von Fühlen diskutiert. Mit der Zeit werde ich möglicherweise einen, zwei oder viele weitere Bestandteile entdecken. Meine Definition kann sich ändern.

Worin auch immer diese Änderung bestehen mag, in meinem Herzen fühle ich mit Gewissheit, dass sie nur klarer und feiner werden kann. Es ist ein Seinszustand. Es ist keine Technik. Es ist ein Rätsel. Man kann es nicht berühren, doch über die Finger fühlen. Du kannst es nicht aufheben, aber es kann dir durch die Finger schlüpfen. Es hat viel mehr mit deinem Herzen zu tun als mit deinen Händen, doch werden es deine Hände sein, an denen dein Pferd als Erstes prüft, ob du es besitzt. Eines weiß ich mit Bestimmtheit: das Lernen endet nie. Ich *fühle*, dass da noch mehr ist.

Der Unterschied zwischen „dazu bringen“ und „helfen“

Walter Josey

Ich wandte das Wissen an, welches Mark mit mir teilte, als er auf seinem Weg zu einem Kurs in Kalifornien kurz vorbeischaute. Ich möchte ein paar Gedanken über diese Erfahrung mit Ihnen teilen.

Während dieses Zwischenstopps hatte Mark mir und ein paar Freunden den Unterschied im Fühlen zwischen den Worten „dazu bringen“ und „helfen“ erklärt. Um die Sache zu illustrieren, verwendete er einen kleinen, dünnen Stab von etwa fünfzig Zentimeter Länge und sechs Millimeter Durchmesser. Er ließ meine beiden Freunde jeweils ein Ende des Stabes halten und forderte sie dann auf, daran zu ziehen, sodass der Stab mit jeweils gleich viel Druck in beide Richtungen gezogen wurde (wie man es beim Tauziehen machen würde).

Dann ließ er mich mit einer Hand die Mitte des Stabes umfassen und bat mich, eine Richtung auszusuchen, entweder in Richtung des einen Freundes oder des anderen. Dann forderte er mich auf, den Stab physisch in die von mir gewählte Richtung zu bewegen. Das tat ich, stellte allerdings fest, dass der benötigte Aufwand an Druck deutlich höher war, als ich angenommen hatte.

Dann ließ er mich stoppen und ich sollte es erneut versuchen. Doch diesmal, anstatt den Stab z. B. in Richtung der Person rechts zu bewegen, sollte ich der rechten Person *helfen*, den Stab in diese Richtung zu bewegen. Ich muss sagen, dass herauszufinden, wie man den Stab in Bewegung setzt, während er an beiden Enden gehalten wird, eine nachhaltige Erfahrung war. Ich war so erstaunt darüber, wie es sich anfühlte, als ich ihn schließlich in Bewegung setzte. Es fühlte sich kein bisschen so an, wie ich es erwartet hatte, oder vielleicht noch wichtiger, wie ich erwartet hatte, dass es sich anfühlen sollte.

Nach der Stunde auf dem Weg zum Abendessen fragte mich Mark, was ich während dieser Erfahrung gelernt hatte. Ich war immer noch derart frappiert, dass ich ihm keine gute Antwort geben konnte. Ich musste die Lektion erst mit der Zeit einwirken lassen.

Jeder, der nach der Magie in Pferden gesucht und sich Wissen angeeignet hat, um eine Verbindung zwischen Selbst und Pferd herzustellen wird von Tom Dorrance hören. Ich, wie viele andere, las sein Buch auf der Suche nach Antworten, doch es ließ mich verwirrter zurück als je zuvor. Doch einige der Dinge, über die er sprach, schienen so mysteriös wie anziehend.

Eine seiner Aussagen blieb mir im Gedächtnis: Wenn die Dinge richtig sind, fühlt es sich wie nichts an, was du aufwendest, damit dein Pferd mit dir arbeitet. Dies fühlte ich, mich konzentrierend auf das Wort „helfen“, als der Stab sich zu bewegen begann. Es fühlte sich an wie „nichts“, doch es tat „etwas“.

Die ersten paar Male, die ich versuchte den Stab zu bewegen, verwendete ich Muskelkraft. Mark sah meine Frustration in meinem Gesicht. Als ich meinen Geist beruhigte, an meine Mitte dachte und mich auf einen Gedanken konzentrierte, in dem Versuch, die Beschreibungen aufzunehmen, die Mark beständig wiederholte – „Ihr macht das gemeinsam“, „Hilf der Person, die den Stab hält dabei, sich in diese Richtung zu bewegen“ usw. – brachte ich es schließlich zuwege.

Dann geschah etwas sehr Interessantes. Als ich mich anschickte, zum Stab hinüberzugehen, in meinem fünften Versuch, sah ich etwas, das mich ganz verrückt machte. Der Stab bewegte sich in die von mir gedachte Richtung noch bevor ich ihn überhaupt berührt hatte. Ich sah tatsächlich, wie sich das zutrug, doch wusste ich nicht, was ich damit anfangen sollte. Als ich nach dem Stab griff, bewegte er sich mühelos. Ich war sowohl erstaunt als auch glücklich. Dann bemerkte ich, dass ich den Stab nur ganz leicht zwischen meinem Zeigefinger und Daumen hielt, wohingegen ich zuvor meine fest geballte Faust verwendet hatte, in dem Versuch, den Stab in die Richtung zu zwingen, in die ich ihn bewegen wollte. Mir war nicht bewusst gewesen, dass ich das getan hatte, bis ich meinen Griff löste.

Natürlich wiederholte ich die Technik einige Male, um sicherzustellen, dass ich sie zumindest halbwegs erneut abrufen konnte. Während der Wiederholungen dämmerte mir, wie seltsam diese ganze Erfahrung war. Ich kann nicht beschreiben wie merkwürdig das für mich ist/war. Wie dermaßen verschieden es ist von jenem Fühlen, das ich in meinen früheren Reittagen verwendet hatte.

Nach diesem Tag ritt ich mein Pferd Scarlet aktiv auf der Suche nach und im Bewusstsein des „Nichts“-Fühlens, auf der Suche nach der Gelegenheit, dies gemeinsam zu tun. Es war eine fantastische Erfahrung für uns beide. Es mag eine korrekte Beschreibung, real, wahr oder nur ein Produkt meiner Vorstellungskraft sein, doch mein

Pferd sagt mir, dass ich in eine sehr beglückende Gegend vorgestoßen bin, eine, die wir mit Freude gemeinsam erkunden.

Ich hoffe, dass wenn sich die Dinge, welche ich Scarlet anbiete, für mich wie nichts anfühlen, sie sich für sie ebenso anfühlen. Keine Sorgen, keine Reibefläche, keine Schwierigkeiten. Nur offene Kommunikation, welche es uns erlaubt, ein gemeinsames Ziel zu erreichen.

Es war mir eine große Hilfe, an diesem Tag die Rückmeldung der Halter des Stabes zu bekommen. Sie sagten, sie könnten die Richtung spüren, an die ich dachte, als ich dabei war den Stab bewegen zu „helfen", und dass es sich sehr real angefühlt hätte.

Doch sobald ich versuchte, Muskelkraft zu verwenden, fühlten sie überhaupt keine Richtungsweisung meinerseits, nur die Kraft, die ich aufwandte, um den Stab in Bewegung zu setzen, was letztlich beide dazu brachte, Widerstand entgegenzubringen.

Ich hörte Mark einmal sagen: „Es ist ein großer Unterschied zwischen dem, nichts zu tun und dem, nicht irgendetwas zu machen." Damals war ich mir nicht sicher, ob ich verstand, was er meinte. Doch nach diesem Tag der Erfahrung in der Unterscheidung von „dazu bringen" und „helfen", glaube ich, tue ich es jetzt.

Sanftheit von innen heraus

Angela Ewing

Vor wenigen Monaten kam ich erschöpft von der Arbeit nach Hause, mit brennenden Schmerzen in meinen Schultern, der Lendenwirbelsäule und den Hüftgelenken. Ich entsinne mich jener ersten Momente, als ich mich für die Nacht fertig machte und mein Körper Entspannung zu finden schien. Meine Tätigkeit als Arzthelferin, eine Lebensaufgabe, für die ich von Herzen dankbar bin, erfordert sowohl ein Zugeständnis an Zeit als auch physische Opferbereitschaft.

Unsere Körper sind erstaunlich in ihrer Fähigkeit, Antworten auf unsere Bedürfnisse zu finden. In meinem Fall ist dies manchmal mit sechsstündigem Stillstehen in einer Position verbunden, während ich meine Hände in einer knapp bemessenen Zone halte (von etwa der Mitte der Brust bis zum Nabel) und mich auf den Blick durch ein Mikroskop konzentriere. Oft ist es nötig, dass ich den Großteil des Tages eine schwere Bleiweste und -Schürze trage.

Es bedurfte meiner Anstrengungen, meine Beziehung und Verbindung mit meinem Pferd zu verbessern, um mich erkennen zu lassen, dass meine Arbeit meine Körperhaltung beeinträchtigte, die Art, wie ich stand, ging, saß und, am wichtigsten, die Art, wie ich mein Pferd ritt.

Während der letzten dreizehn Jahre hatte ich begonnen, mein gesamtes Gewicht auf mein rechtes Bein und meine rechte Hüfte zu legen, ohne zu bemerken, dass ich auf diese Weise meine Knie blockierte, meinen unteren Rücken hohl machte und nicht zentriert stand. Ich hatte einen Weg gefunden, meinen Körper „ruhen" zu lassen, wenn er aufgrund der langen Stunden des Stehens ermüdete. In einem von Marks Kursen deckten wir die einzelnen Schichten physischer Blockaden meines Auftretens gegenüber meinem Pferd auf. Die Art wie sich mein Pferd bewegte, hatte offenbart, dass die Probleme ihren Ursprung bei mir hatten. Dies zeigte sich an meinem Unvermögen, meinen Rücken rund zu machen und zu entspannen, verursacht durch den übermäßigen Aufbau dem entgegenstehender Muskeln, antrainiert während ich meine Arbeitsposition „managte". Während einer Stunde mit Mark war es mir möglich, meine Mitte zu finden, was meine Balance beeinflusste und sofort die Bewegung meines Pferdes veränderte. Es war ein Aha-Erlebnis für mich, zu erkennen, dass wenngleich ich diese ganze Anstrengung unternommen hatte, um mich mit meinem Pferd zu verbinden, ich mich nicht vollständig mit mir selbst verbunden hatte. Ich hatte einige Puzzlestücke, doch nicht alle.

Ich habe während der letzten paar Monate meinen Körper umtrainiert, damit ich die richtige Position zu jeder Zeit beibehalte. Während ich mich im Supermarkt anstelle, das Auto fahre, gehe und – wo ich die meiste Zeit verbringe – bei der Arbeit. Es war ein erstaunliches Erlebnis, einen Weg zu finden, mich bewusst von innen heraus sanft zu machen. Mein Rücken und meine Hüften schmerzen nicht länger. Ich habe Muskeln in meinen Schultern trainiert, von denen ich nie gewusst hatte, dass sie existieren. Diejenigen, welche dauernd verkrampft waren, sind nun entspannt. Wenn ich mit einem Instrument an einem Einschnitt hantiere, bemerke ich, dass ich nicht mehr Muskelkraft verwende, egal wie lange es nötig ist durchzuhalten. Ich gebrauche meine Mitte und die Energie von innen, um die Aufgabe zum Abschluss zu bringen. Am wichtigsten, ich atme. Die Art von Atmen, in welcher du dein Zentrum findest. Ich hoffe, dass ich im Laufe der Zeit nicht mehr so viel daran denken muss; es wird in Fleisch und Blut übergehen.

Ich bin immer wieder erstaunt, wie Pferde uns mehr über die menschliche Erfahrungswelt beibringen, indem sie einfach nur an unserem Leben teilhaben. Es verlangt eine bewusste Anstrengung meinerseits, meinem Pferd die Gegenwärtigkeit des Moments anzubieten, und ich muss mich daran erinnern, dasselbe für mich zu tun. Dadurch lerne ich etwas zu tun, das letztlich alles beeinflusst, auch mein Pferd.

Das Innere von uns selbst unserem Pferd anbieten

Shannon Brown

Als Mark mich fragte, ob ich meine Gedanken über Sanftheit, Fühlen und Verbindung teilen könnte, muss ich gestehen, dass ich ziemlich lange darüber nachdenken musste, wie ich beantworten könnte, was jene drei Worte für mich in meiner Reiterei und meinem Leben bedeuten. Das einzige Wort, das mir einfiel, war *alles*. Sanftheit, Fühlen und Verbindung bedeuten alles für mich.

Natürlich würde nur dieses eine Wort als Geschichte nicht viel hermachen, also musste ich über die Frage ein bisschen weiter nachdenken. Ich erkannte, dass es Momente waren, während derer Sanftheit, Fühlen und Verbindung am meisten aus den Fugen geraten waren oder in meinem Leben fehlten, in denen ich das meiste über mich selbst und meine Reiterei lernte.

Ich habe mit Mark beinahe zehn Jahre gearbeitet, sowohl als Schüler als auch als Tutor und ich muss gestehen, dass ich, bevor ich Mark traf, wenig Gedanken auf diese drei Attribute verwendet hatte. Ich wusste, dass mir etwas fehlte, aber ich wusste nicht, was. Ich war geritten, seit ich drei war und ich nehme an, bis zu einem gewissen Grad existierten diese drei Attribute in meiner Reiterei, doch nicht in dem Maße, in dem ich sie benötigte und sicherlich nicht bis zu dem Grad, der nötig ist, um mit bekümmerten Pferden zu arbeiten. Als ich die beinahe zehn Jahre an Erinnerungen und die Pferde durchging, denen ich zu helfen versucht hatte, sowohl meine eigenen als auch jene, welche ich trainierte, tauchte ein roter Faden auf: Sobald ich die innere Verbindung zu mir selbst verlor, arbeitete ich nicht länger mit viel Sanftheit und Fühlen. Sobald ich die Arbeit an mir selbst vernachlässigte und begann, an den Pferden zu arbeiten, wie es viele von uns tun, entfernte ich mich mehr und mehr von der Art von Arbeit, die ich versuchte zu praktizieren. Ich arbeitete dann nur an der Oberfläche, am Äußeren.

Wenngleich ich über viele positive Momente reflektieren kann, Zeiten, zu denen ich fühlte, dass ich ein gewisses Maß an Sanftheit, Fühlen und Verbindung in meiner Arbeit erreichte, gab es mehr Momente, in denen ich nur sehr wenig mit diesen Konzepten gearbeitet habe. Es war in jenen Momenten des Versuchs, Balance zu finden und dem Pferd irgendetwas Brauchbares anzubieten, dass ich erkannte, was mir fehlte: innere Sanftheit und Verbindung. Das ist nicht etwas, das man sich mal so schnell überzieht; es ist, wer du wirst, wer du im Inneren bist. Es ist nicht etwas, das du tust – eher ist es, was du bist.

Im Spätsommer 2008 ging mein Mann als Kommandant einer Infanterieeinheit auf einen ganzjährigen Einsatz in den Irak. Nachdem ich selbst beinahe acht Jahre in der Armee gewesen war, dachte ich, damit einigermaßen zurechtzukommen, da wir mit Einsätzen bereits Erfahrungen hatten. Seine Entsendung ließ mich nicht nur allein mit dem Haushalt und meiner Tätigkeit als Pferdetrainer zurück, sondern machte mich auch zur Mentorin einer ganzen Gruppe von Gattinnen samt ihrer Kinder, während ihre Männer und Väter ebenso entsandt worden waren.

Ich bin nicht unbedingt der Typ, der merkt, wenn er sich zu viel aufgeladen hat, also trainierte ich vier bis sieben Pferde Vollzeit und reiste durch Colorado und nach Kalifornien um zu unterrichten. Ich hielt das für eine super Idee, da es mich beschäftigen würde, während mein Mann fort war. Wie uns das Leben manchmal vor Augen führt, läuft alles gut genau bis zu dem Moment, an dem sich etwas ändert, und es gibt keine Möglichkeit, dieses etwas kommen zu sehen.

Nach einem langen Tag voll Arbeit mit den Pferden bereitete ich das Abendessen zu, als das Telefon läutete. Die Stimme am anderen Ende nahm mir den Atem und trieb Schauer meinen Rücken herunter. Auf die Einheit meines Mannes war ein Selbstmordanschlag verübt worden und einige Soldaten waren tot. Die Verbindung brach ab und machte es unmöglich, weitere Details herauszufinden; ich hatte keine Ahnung, ob mein Mann in Sicherheit war. Die Zeit stand still. Sekunden fühlten sich an wie Minuten und Minuten wie Stunden. Ich erkannte, dass das Leben gerade sehr real geworden war. Ebenso erkannte ich, wie sehr allein ich mich fühlte da draußen auf unserem kleinen, drei Hektar Hof im ländlichen Colorado.

Für so etwas hatte ich keinen Plan entwickelt. Zum ersten Mal seit langer Zeit hatte ich keine Ahnung, was ich im nächsten Moment tun sollte. Ich war erstarrt.

In den folgenden Tagen und Wochen fand ich heraus, dass mein Mann in Sicherheit war, doch ich fand auch heraus, dass eine meiner engsten Freundinnen soeben ihren Mann verloren hatte; er war einer von sechs Soldaten, die bei der Attacke gestorben waren. Ich kann Ihnen ehrlich sagen, dies ist einer dieser Momente im Leben, bei denen man sich eine Bedienungsanleitung wünscht, um zu wissen, was zu tun. Als ich begann, die Familienmitglieder zu trösten und Andachtsfeiern für die Männer, die wir verloren hatten, zu besuchen, war ich gleichermaßen geehrt wie demütig, Teil von etwas derart Lebensveränderndem zu sein. In einem Atemzug war da völlige Vernichtung und im nächsten war da der Anblick von Amerikanern und ihren kleinen Städten von ihrer großartigsten Seite, wie sie unsere Gefallenen ehrten. Diese Erfahrung veränderte mich für immer.

In den darauffolgenden Monaten strampelte ich weiter und tat meine Arbeit. Zu dieser Zeit sah ich keinen anderen Weg. Ich hatte eine Aufgabe zu erledigen und gleichzeitig versuchte ich beschäftigt zu bleiben, damit ich mich nicht der Angst und Trauer widmen musste, welche sich mit den Realitäten des Kampfes heranschlichen. Im Nachhinein ist klar, dass ich mich auf ein Desaster zubewegte... Oder zwei. Als ich weiterruderte, mir selbst beinahe vollständig entrückt, begannen Unfälle zu passieren. Als Erstes fiel ich vom Pferd, schwer, und verletzte mich am Kopf. Zu diesem Zeitpunkt war ich überzeugt, dass der Sturz aus heiterem Himmel gekommen sei. Dann stieg ich von einem anderen Pferd ab, welches nur um es ein bisschen „aufzufrischen" gebracht worden war, und verfing mich mit meinem Fuß im Steigbügel. Die Stute sprang zur Seite und ich fand mich selbst wieder, als ich über meinen Reitplatz geschleift wurde. Zum Glück konnte ich mich befreien, ehe zu viel Schaden entstanden war. Als ich da lag und die Stute beobachtete, wie sie Kreise um mich rannte, erinnere ich mich gedacht zu haben, *Was zur Hölle geht hier vor sich? Ich arbeite so hart und bekomme einen Arschtritt. Ich falle nie vom Pferd und brauche das im Moment gar nicht. Das Jahr war schwer genug.* Nachdem ich eine gefühlte Ewigkeit da gelegen hatte, stiegen mir langsam Gefühle empor. Ich konnte mit dem, das da zur Oberfläche kam, nicht umgehen, also stopfte ich es wieder hinunter, wischte mir den Staub ab und ging zurück an die Arbeit. Für andere stark zu sein machte es mir schwer auseinanderzufallen. Tatsächlich hatte ich Angst auseinanderzufallen. Ich kann mir vorstellen, wie es sich in meiner Gegenwart angefühlt haben muss, besonders für ein so empfindsames und gegenwärtiges Tier wie das Pferd.

Jeder, der beruflich mit Pferden arbeitet, hat dieses eine Pferd – mehrere, wenn wir Glück haben – das dir in kurzer Zeit mehr über dich selbst beibringt, als du in zehn oder fünfzehn Jahren könntest. Meines war eine kleine Rappstute, die aus dem Mittleren Westen zum Training kam. Mit ihren knapp 1,40 Stockmaß stieg sie aus dem Anhänger und war ruhig. Zu ruhig. Als ich sie hinunter auf ihre Koppel führte, fiel mir auf, dass sie am anderen Ende des Führstricks nicht vorhanden zu sein schien, und das nicht im positiven Sinne. Ich machte sie los, damit sie sich nach der langen Hängerfahrt die Füße vertreten konnte. Wie sich herausstellte, war dies das letzte Mal für beinahe zwei Wochen, dass ich ihr ein Halfter an- oder ausziehen konnte. Vierundzwanzig Stunden nach ihrer Ankunft erwachte sie, knallte verängstigt an die Zäune ihrer Koppel. Ich erinnerte mich an Mark, wie er über seine Arbeit mit Mustangs sprach und dass alles, was er ihnen manchmal anbieten könnte, Beständigkeit war.

Ich entschied mich, jene beständige Person zu sein, die in ihre Koppel hinein- und wieder aus dieser hinausging und Futter und Wasser brachte, solange es eben dauern würde. Einige Tage lang war dies alles, was ich für die kleine Stute tat. Zu Beginn war sogar das zu viel für sie und sie blieb im hinteren Bereich ihrer Koppel und beobachtete jede einzelne meiner Bewegungen. Wie die Tage so vergingen wurde es ihr möglich, bei jeder Fütterung ein wenig näher zu kommen. Nach etwa zwei Wochen ließ sie meine Hand ihren Hals berühren, nachdem ich ihr Heu in den Paddock gelegt hatte und sie fuhr dabei weder zurück noch verspannte sie ihren Körper. Ich konnte es nicht fassen, wie sehr Menschen diese kleine Stute bekümmerten. Auch konnte ich keine Parallelen zwischen ihrem inneren Sturm und meinem eigenen sehen. Nach ein paar Wochen hatten wir uns zum Berühren, Putzen, Aufhalftern und Führen auf der Koppel emporgearbeitet, also dachte ich, ebenso gut könnte ich sie über den Hof führen.

Sobald wir durch die Stalltür hindurchgetreten waren, ging sie durch – riss mir den Strick aus den Händen und preschte den Zufahrtsweg hinauf. Meine Güte, war das entmutigend. Dieses Verhalten und dass sie stieg, während ich dabei war, sie auf die Weide zu lassen, setzte sich für etwa eine oder zwei Wochen fort. Schließlich war ich in der Lage, eine Art von Fühlen am Ende des Führstricks zu erhalten. Wenngleich sie sich besser anstellte, konnte ich doch ein Maß an Furcht und Selbsterhaltung fühlen; sie war nicht sanft. Rückblickend war ich es auch nicht.

Die Stute und ich arbeiteten gemeinsam weiter, und nach ein paar weiteren Wochen trug sie ihren Sattel, arbeitete im Roundpen, und ließ sich mit akzeptablem Fühlen führen, anbinden und in den Hänger verladen. Ich dachte, wir machten uns ziemlich gut, in Anbetracht dessen, wo wir angefangen hatten, doch da fehlte immer noch etwas; ich wusste, so bald würde ich nicht auf sie aufsteigen.

Ich hatte einen bevorstehenden Termin mit Mark, um in Colorado bei einem Kurs auf der Anlage eines gemeinsamen Freundes einige Teilnehmer mitzubetreuen. Ich beschloss, die Stute mitzunehmen, sodass sie eine Hängerfahrt machen und einige Tage an einem anderen Ort verbringen würde. In meiner freien Zeit würde ich mit ihr arbeiten. Zudem wollte ich Mark um ein wenig Hilfe mit ihr bitten. Ich bin ziemlich zurückhaltend, nach langen Kurstagen um Hilfe zu fragen, denn ich weiß, dass wir beide ziemlich müde sind, nachdem wir acht bis zehn Stunden pro Tag mit Unterricht verbracht haben. Doch hatte es jemals ein Pferd gegeben, bei dem ich ein wenig Rat wollte, dann war sie es. Nach dem dritten Kurstag beschloss Mark, einen Blick darauf zu werfen und sich anzusehen, wie er mir mit der Stute helfen konnte. Als er am Abend zu ihrer Koppel ging, begann ich zu erzählen, woran ich mit ihr gearbeitet hatte und wie die Dinge zwischen uns gelaufen waren.

„Manchmal geht sie einfach so durch und reißt sich los, während ich sie führe“, erklärte ich, als ich sie halfterte und war mir nicht einmal bewusst, dass die Stute schon seit mindestens zwei Wochen nicht mehr durchgegangen war.

„Du könntest Deine Hand sanft machen“, sagte Mark ruhig, als wir Seite an Seite Richtung Reithalle gingen.

„Was meinst Du?“ fragte ich.

„Mach Deine Hand sanft. Öffne Deine Hand am Führstrick. Du hältst ihn so fest, dass Du ihr sagst, sie soll sich aufs Durchgehen vorbereiten.“ erklärte er schlicht und einfach.

„Oh“, sagte ich kleinlaut, als mir bewusst wurde, dass nicht nur meine Hand fest war, sondern mein ganzer Körper. Das Letzte, das ich nach einem langen Unterrichtstag geschehen lassen wollte, war, dass sich diese Stute losriss und über das ganze Anwesen rannte. Nun, das tat sie nicht. Sie ging still hinter mir, als ob sie ihr ganzes Leben auf der Anlage verbracht hätte.

„Warum zeigst du mir nicht, woran du mit ihr gearbeitet hast und ich sehe mir an, wo ich dir helfen kann?“ sagte er, als er sich auf einen Platz in der Nähe des Hallentors setzte. Als ich mit der Stute an der Longe zu arbeiten begann, erkannte ich, wie selten ich Marks ungeteilte Aufmerksamkeit am Ende eines langen Arbeitstages hatte und ich war sehr dankbar für die Möglichkeit, nun einiges an vielbenötigter Hilfe zu bekommen.

Sie flitzte panisch wirkend an der Longe herum. „Ist das so in der Art, wie es bisher gelaufen ist?“ fragte Mark, als die Stute an ihm vorbeiraste, ein schwarzer Strich.

„Meistens ja. Obwohl es besser wurde, scheint sie die meiste Zeit über immer noch verängstigt zu sein.“

„Nun, was ist es genau, wonach du hier suchst?“ fragte Mark.

Ich hatte lange genug mit Mark gearbeitet, um zu wissen, dass diese Frage nicht wirklich eine Frage war. Eher war es eine Frage, die ich zuvor immer dann gehört hatte, wenn ihm klar war, dass ich nicht wirklich wusste, wonach ich suchte, was – wenngleich für mich nicht offensichtlich – für Mark und das Pferd nur allzu offensichtlich war.

„Na ja, ich suche nach irgendeiner Art von Verbindung mit ihr, statt dass sie nur am Ende der Longe in Panik herumhetzt." antwortete ich, als ob das offensichtlich wäre.

„Du hast da einiges an wirklich guter Arbeit geleistet und einige Schwierigkeiten mit ihr überwunden, aber euch beiden fehlt da noch etwas. Macht es dir etwas aus, wenn ich sie für ein paar Minuten nehme?" fragte er, als er langsam aufstand.

Als ich Mark den Strick übergab, bemerkte ich, dass sich die Stute auf seine Mitte fixiert hatte und sich sofort beruhigte. Als er nach rechts trat, folgte sie seiner Bewegung. Dann trat er nach links und sie folgte ihm wieder. Sie schien an etwas in seinem Inneren zu haften. In einem Moment wie diesem weiß ich es besser, als diesen Gedanken auszusprechen, doch was ich sagen wollte war: „Was zur Hölle hast du gerade gemacht?!" Als ich sie gemeinsam arbeiten sah, war klar, dass er der Stute etwas anbot, das ich ihr nicht anbot. Es war augenblicklich und faszinierend zu beobachten und mir wurde mit Deutlichkeit bewusst, dass sie schon eine Zeitlang um etwas von mir gebeten hatte und ich dieses etwas nicht dargeboten hatte. Ich fühlte, wie eine darunterliegende Emotion emporzuquellen begann, eine, die ich über mehrere Monate so sehr festgehalten hatte. *Na großartig, jetzt will ich einfach nur auseinanderfallen*, dachte ich und versuchte mich unter Kontrolle zu bringen.

Mark spürte natürlich die Veränderung, denn was er als Nächstes sagte ließ die Tränen langsam ihren Lauf nehmen. „Weißt du, manchmal müssen wir es uns einfach erlauben auseinanderzufallen anstatt uns weiterhin an etwas zu klammern und zu versuchen irgendwie zurechtzukommen." Er hatte die Stute nur für ein paar Minuten, doch das war alles, das ich benötigte, um zu sehen, was fehlte. „Du bist gerade nicht sehr mit dir selbst verbunden und doch forderst du sie auf, sich mit dir zu verbinden. Wenn du dich mit dir selbst verbinden könntest und ihr zeigen, dass du der sichere Ort für sie bist, könnte sie sich ein wenig besser fühlen, wenn es darum geht, sich mit dir zu verbinden."

Als ich die Longe nahm, war das Fühlen so anders, dass die Tränen langsam weiterflossen. Es erstaunte mich zu entdecken, dass sowie ich mir selbst erlaubte, meine gestauten Emotionen loszulassen, die kleine Stute ihre eigenen loslassen konnte. Gemeinsam schmolz die Anspannung dahin und wir waren in der Lage, an Verbindung, Sanftheit und Fühlen zu arbeiten. Schließlich zeigten sich die vielen Stunden, die ich mit ihr zugebracht hatte und sie empfand das Leben als besser, als ich gedacht hatte, dass sie es könnte. Ich tat dasselbe. Es war ein einschneidender Moment in meiner Reiterei. In jenen Augenblicken empfand ich einen Grad der Verbindung, von dem ich nicht glaube, ihn je mit einem Pferd erreicht zu haben, und er kam von dem Pferd, von dem ich es am wenigsten erwartet hätte. Plötzlich konnte ich die Dinge klar sehen. Ich hatte aufgehört, an dem, was in mir vorging zu arbeiten, weil das zu schmerzvoll war, und hatte versucht, an den Pferden zu arbeiten und an dem, was in ihnen vorging.

Letztlich geht es nicht darum, am Pferd zu arbeiten. Es geht darum, bis zu welchem Grad wir willens sind, an unserem Inneren zu arbeiten und es im Gegenzug dem Pferd anzubieten. Jene Orte sind zu manchen Zeiten leichter zu erreichen als zu anderen, doch ich glaube, wir können dort hingelangen, wenn wir tief genug blicken und bereit sind, am nächsten Tag aufzustehen und es erneut zu versuchen. Sobald du einmal diesen Grad an innerer Verbindung gefunden hast, wirst du es wissen, und es ist ein Gefühl, welches du wieder und wieder erleben möchtest. Und du bemerkst es mit ebensolcher

Gewissheit, sobald du beginnst es zu verlieren. Es wird zu einer Beziehung, sowohl mit dir selbst als auch mit dem Pferd. Wie einer meiner Lieblingsmusiker, David Wilcox, sagt: „An einer Beziehung zu arbeiten ist der einzige Weg, unser Selbst in Schuss zu bringen. Herauszufinden, wie es geht, der zu sein, der wir sein müssen. Es ist eine Menge Arbeit, aber es ist gute Arbeit... falls du es schaffst."

Es ist jenes Gefühl mit Pferden, zu dem ich immer und immer wieder zurückkehren möchte und ich bin dankbar, dass ich einen Mentor hatte, um mir auf meiner Pferdereise zu helfen.

Eine Übung in Sanftheit

Als wir dies hier zusammenstellten, war eines der Dinge, die wir tun wollten, irgendeine Art von einfacher Übung in Sanftheit für die Leser einzubauen. Doch wir wollten nicht einfach eine Übung niederschreiben und hoffen, dass die Leute sie ausprobieren würden, denn letztlich würden das manche tun und manche nicht. Stattdessen wollten wir jeden, der das Buch las, einbeziehen.

Nach reiflicher Überlegung einigten wir uns schließlich auf eine recht subtile Übung, an der jeder, der dieses Buch liest, bereits teilgenommen hat. Die Übung war tatsächlich einfach und zielt auf den eigentlichen Kern all dessen, was wir in Bezug auf Sanftheit diskutiert haben. Im Speziellen darauf, zu bemerken, welchen Effekt Kleinigkeiten, mit denen wir tagtäglich in Berührung kommen, auf uns ausüben.

Als wir begannen, das fertiggestellte Manuskript dieses Buches für die Drucklegung zu formatieren, entschlossen wir uns daher, einige kleine Unzulänglichkeiten in der Darstellung des Inhalts (nicht im Inhalt selbst) stehen zu lassen.

Einige unter Ihnen mögen ein paar dieser Fehler beim Lesen des Buches gefunden haben. Falls dem so war, was hat das Sehen des Fehlers für ein Gefühl in Ihnen ausgelöst? Waren Sie in der Lage, über sie hinwegzusehen und einfach fortzufahren oder lenkte der Anblick des Fehlers Sie ab oder verärgerte er Sie in irgendeiner Art und Weise? Wurden Sie vielleicht sogar ungehalten? Führte das Bemerken des Fehlers Sie zum Wunsch, ihn jemandem zu berichten, sodass er behoben werden könnte?

Sehen Sie, wahre Sanftheit ist immer ein Nebenprodukt der inneren Sanftheit, welche wir in unserem Alltag mit uns führen. Innere Sanftheit beginnt mit der Entwicklung unserer Fähigkeit, emotional im Gleichgewicht zu bleiben, auch wenn Dinge um uns ein wenig aus dem Gleichgewicht scheinen.

Und aus diesem Grund wollten wir Ihnen diese kleine Übung anbieten. Eine, in welcher das Augenmerk darauf liegt, den Unterschied zu machen zwischen jenen Dingen, die wirklich wichtig sind und unserer Aufmerksamkeit bedürfen und jenen Dingen nur am Rande, welche keine wirkliche Bedeutung für uns haben, unsere Situation und, in diesem Fall, unserer Fähigkeit zu lernen.

Es ist unsere Hoffnung, dass jeder, der dieses Buch liest, in der Lage sein wird, diese kleine Übung in innerer Sanftheit als das zu sehen, das sie ist – eine ruhige Erinnerung, Wohlwollen und Zuneigung entsprungen, weitergegeben von einem Schüler des Pferdes zu einem anderen.

Wir möchten uns von Herzen dafür bedanken, ein kleiner Teil Ihrer eigenen Reise zu Sanftheit zu werden!

Service

NÜTZLICHE ADRESSEN

Information und Organisation von Seminaren mit Mark Rashid im deutschsprachigen Raum finden Sie hier:

Gentle Riding GmbH
Sonja Bucher
Gass 5
4853 Riken
Sonja Bucher, Gentle Riding GmbH
www.gentle-rding.ch
info@gentle-riding.ch

Like uns auf Facebook:
facebook.com/kosmos.pferde

Exzellente Veranstaltungen rund ums Pferd
von Isabella Sonntag
www.wu-son.de

Deutsche Reiterliche Vereinigung (FN)
Freiherr-von-Langen-Str. 13
D-48231 Warendorf
Tel. +49-(0)25 81-6 36 20
Fax +49-(0)25 81-6 21 44
www.pferd-aktuell.de

Erste Westernreiter Union Deutschland e.V. (EWU)
EWU-Bundesgeschäftsstelle
Freiherr-von-Langen Str. 8a
D-48231 Warendorf
Tel. +49-(0)25 81-92 84 60
Fax +49-(0)25 81-9 28 46 25
www.westernreiter.com

Austrian Western Riding & Breeding Assoc. (AWA)
Sekretariat
Raitlstrasse 154
A-2392 Sulz im Wienerwald
Tel. +43-(0)22 38-84 84
Fax +43-(0)22 38-85 45
www.awa.at

Swiss Western Riding Association (SWRA)
Geschäftsstelle
CH-3000 Bern
Tel. +41-(0)900-80 50 30
www.swra.ch

ZUM WEITERLESEN

Aguilar, Alfonso: **Professionelle Ausbildung am Boden**, ... für jedes Alter, für jede Rasse; Edition WuWei bei KOSMOS 2014
Für Alfonso Aguilar ist die Bodenarbeit ein wichtiger Teil in der Pferdeausbildung. Sein schrittweise aufgebautes Buch zeigt Übungen für jedes Pferdealter – vom ersten Aufhalftern bis zu anspruchsvollen Lektionen an der Doppellonge. Eine „Roadmap“ hilft, den eigenen Trainingsstand zu bestimmen und die individuellen Ausbildungsschritte mit dem eigenen Pferd zu gehen.

Eschbach, Andrea und Markus: **Bodenarbeit mit dem Leitseil**, Führ- und Beziehungstraining mit dem Pferd; KOSMOS 2014
Die erfahrenen Pferdetrainer Andrea und Markus Eschbach erklären, wie das Training mit dem Leitseil gelingt: So führen und formen sie mit Halfter und Seil das Pferd und trainieren dabei Vorwärts-, Seitwärts- und Rückwärtsbewegungen. Durch diese Übungen entsteht fast von selbst eine vertrauensvolle Beziehung und das Pferd wird schonend gymnastiziert. Mit Basistraining, Übungen mit Hindernissen und im Gelände.

Heuschmann, Dr. med. vet. Gerd / Dysli, Jean-Claude: **Gerd Heuschmann trifft Jean-Claude Dysli**, Geballtes Wissen in Theorie und Praxis der Pferdeausbildung, DVD-Video; Edition WuWei bei KOSMOS 2013
Ein hochkarätiges Seminar aus dem Jahr 2011 ist auf dieser DVD festgehalten.
Jean-Claude unterrichtet auf seinem 26jährigen Quarterhengst Oakie. Beide sind zusammen über 100 Jahre alt und vermitteln gelebtes Wissen für die Westernszene, das aber auch jeden Reiter eines anderen Reitstils inspiriert. Dr. Gerd Heuschmanns Wissen zum Thema

Biomechanik ist unübertroffen. Er unterrichtet im praktischen Teil eine Reiterin der klassischen Reitweise. Beide Pferdekenner sind mit dieser DVD einmalig zusammen vereint.

Rashid, Mark: **Denn Pferde lügen nicht**, Neue Wege zu einer vertrauten Mensch-Pferd-Beziehung; KOSMOS 2012
Als einer der bekanntesten und erfahrensten Pferdeausbilder Nordamerikas, setzt Mark Rashid in seiner Arbeit mit Pferden auf Respekt und Vertrauen anstelle von absoluter Dominanz.
Auch als E-Book erhältlich.

Rashid, Mark: **Der auf die Pferde hört**, Erfahrungen eines Horseman aus Colorado; KOSMOS 2014
Mark Rashid ist einer der besten und erfahrensten Pferdeausbilder Nordamerikas. Sensibel, humorvoll und mit überraschenden Einsichten schildert Mark Rashid in vielen Erlebnissen und Fallbeispielen seinen ganz persönlichen Weg mit seinen Lehrmeistern, den Pferden.
Auch als E-Book erhältlich.

Vendrell, Juan A.: **Horsemanship**, Trainingsbuch, Bodenarbeit und Reiten; KOSMOS 2014
Das pferdegerechte Trainingsbuch für Bodenarbeit und Reiten. Horsemanship hat sich in den letzten Jahren in der Pferdeszene als eigene Trainingsmethode etabliert. Der Begriff steht für einen natürlichen und pferdegerechten Ausbildungsweg. Der erfahrene Trainer Juan A. Vendrell beschreibt und erklärt alle wichtigen Schritte der Ausbildung anschaulich und praxisbezogen: von der Bodenarbeit bis zum ersten Reiten. Mit Lösungen für häufige Probleme.

Aus dem Amerikanischen übersetzt von Hans-Michael Schöbinger und Sabine Bühlmann.
Titel der Originalausgabe: „A Journey to Softness“
erschienen bei Rockin 5R Publishing, Colorado,
unter ISBN 978-1-304-71982-9

Umschlaggestaltung von Gramisci Editorialdesign, München, unter Verwendung eines Farbfotos von Christiane Slawik (slawik.com) auf der Umschlagvorderseite und Sonja Bucher auf der Umschlagrückseite.

MIX
Papier
FSC FSC® C014889

Gedruckt auf chlorfrei gebleichtem Papier

Für die deutschsprachige Ausgabe:

ISBN 978-3-440-15102-0
Redaktion: Katja Pauls
Produktion: Nina Renz
Druck und Bindung: Friedrich Pustet GmbH & Co. KG, Regensburg
Printed in Germany / Imprimé en Allemagne

Harmonie zwischen — Pferd und Mensch

200 Seiten, ca. € (D) 32,00

Pferde sind von Natur aus nicht für die laute, hektische und enge Welt der Menschen geschaffen. Es liegt in unserer Verantwortung, ihnen Sicherheit und Vertrauen zu geben. Das Rüstzeug hierfür bietet dieses Buch. Es enthält alle grundlegenden Übungen der Kommunikation am Boden: Sicheres Vorwärts-, Rückwärts- und Seitwärtsbewegen ebenso wie Anhalten, Richtung ändern und Hindernisse überwinden – mit und ohne Seil. So lernen Mensch und Pferd, wie Klarheit beim gemeinsamen Tun zu einer tiefen Verbindung führt.

Je bewusster wir die Ähnlichkeiten zwischen Mensch und Pferd wahrnehmen, desto einfacher finden wir einen Zugang zu unseren Pferden. Pferde geben uns ein direktes, unmittelbares und unverfälschtes Feedback. Das gibt uns die Möglichkeit, sehr viel über uns zu lernen. Dieses Buch erklärt die Prinzipien des Natural Horsemanship – angereichert mit praktischen Beispielen aus dem Alltag mit Pferden. Es verhilft zu einem Gefühl der Harmonie, Sicherheit und Freiheit im Umgang mit Pferden.

200 Seiten, ca. € (D) 19,99

kosmos.de